日本の水族館

内田詮三／荒井一利／西田清徳——［著］

東京大学出版会

Aquariums in Japan
Senzo UCHIDA, Kazutoshi ARAI and Kiyonori NISHIDA
University of Tokyo Press, 2014
ISBN978-4-13-060195-5

はじめに

　野生動物を飼育し，それを不特定多数の人々の観覧に供するのが水族館であり動物園である．水族館や動物園に課せられた社会的機能，役割としてよくいわれているのは，①レクリエーション，②教育，③自然保護・種の保全，④研究，である．

　それではなんのために動物を飼育し，人に見せるのであろうか．答えは明らかで，人間のためであり，動物のためではない．日常生活では見ることのできない，地球の各地に住むいろいろな動物を見たいという人々の希望，欲望に応えるためである．

　①のレクリエーションはまさにこの希望に沿ったもので，楽しみ，驚きを与える慰楽である．②も人間の教育であって動物のためではない．自然保護教育，環境教育は動物のためになる点もあるが，これは二次的，間接的であって，飼育動物を材料とする人のための教育である．問題は，③自然保護・種の保全，④研究，である．飼育動物を材料とした研究は野生個体や死体調査では得られない知識が得られ，それは自然保護や種の保全に有益であることはまちがいない．ここから，動物を飼育する目的が「動物のため」という錯覚に陥りやすい．しかし，相手の同意を得ることなく，強引に捕獲し，運び，狭いところで飼育することは動物対人間の関係としては人間の悪しき行い，悪業にほかならない．そのため，可能な限りよい環境を整え，よき飼育，健康管理をして動物が快適に過ごせるようにすることはあたりまえのことであり，種の保全，研究などは飼育という悪しき行為に対する贖罪的な行為である．

　したがって，対動物という観点から，水族館や動物園はきれいごとをしているわけではない．世の大部分の人々が野生動物を飼育するような悪業はやめようということになれば，館も園も閉鎖すればよろしい．しかし，2011年の日本動物園水族館協会に加盟している園館の総入場人員は7100万人（動物園4000万人，水族館3100万人）であり，約1億2700万人の日本人口

の56%の人々が，園館を利用していることになる．

　当分の間，動物園，水族館は消滅しないであろう．

　人類は二本足歩行によって棍棒を持ち，刀槍弓矢を使うようになってからほかの動物に対し，最強，最悪の捕食者となった．そもそも殺して肉を食うためにウシ，ブタ，ニワトリなどの家畜を飼育し育てるのだから，これら動物に対して悪業をなす，悪しき存在である．

　ドイツの近代歴史学の祖といわれる19世紀に活躍したレオポルト・フォン・ランケは，人類という動物の性質を以下のように表現している．「獰猛粗野にして狂暴なる，而も善良高貴にして柔和なる被造物，この汚穢にして而も純潔なる被造物……」（『世界史概観』1960年，岩波書店）．悪しき面を先に取り上げて，いい得て妙である．水族館・動物園が野生動物を捕獲し，飼育するのは前句の獰猛・狂暴のあらわれであり，贖罪的に研究し，自然保護に資するのは後句の善良・柔和な性のあらわれであろう．

　飼育は動物に対する悪業と思わず，人間の二面性を忘れて，自然保護，種の保全，研究，教育のきれいごとだけを表明する偽善的ともいえそうな態度を見聞きするたびに，このランケの言葉が心に浮かぶ．

　閑話休題．水族館に関する著作としては，鈴木克美・西源二郎の両氏の手になる『水族館学——水族館の望ましい発展のために』（2005年，東海大学出版会）および『新版水族館学——水族館の発展に期待をこめて』（2010年，同会）の大部の二書が刊行されている．水族館という存在について多岐にわたる課題を詳細に解説した労作であり，本書でも大いに参考とし，引用もさせていただいている．ただし，同書ではシャチ，イルカ類などの鯨類，トド，セイウチなどの鰭脚類を飼育展示するオセアナリウム型，あるいはマリンパーク型の大規模施設を水族館とは異なる範疇の施設として記述から除外している．

　この考え方については筆者らは反対であり，鯨類も鰭脚類も海洋における重要な動物群であり，水族館が飼育対象とする水族の中でも重要な位置を占めるグループであって，これの飼育施設も当然，水族館に含まれるべきである．さらに，動物群の中でも，ペンギンなどの水鳥類や水生爬虫類も著述から除外されているが，近代水族館を語るとき，これらのグループも当然取り上げるべき水族である．したがって，本書では動物群としては，鯨類，鰭脚

類，水生爬虫類，水生鳥類も取り扱っている．

　本書の編集担当者である東京大学出版会編集部の光明義文氏の方針としては，ガイドブック的な内容は不要で，各テーマについて執筆者の考え方，「哲学」を語れということであった．これはなかなかむずかしい注文で，筆者，とりわけ第1章と第4章を担当した内田に関していえば，注文どおりに書けたか甚だ心もとない．もう1つの方針は，「動物のにおい」がする本にせよであった．これについては3名の執筆者はともに，飼育者が叩き上げて館長職にたどりついた人間故，なんとかなったのかなと感ずる．

　いずれにせよ，誤りや思い違いも多々あるのではないかと思う．ご叱正をいただければ幸甚である．

内田詮三

目　　次

はじめに……………………………………………………………内田詮三　i

第 1 章　水族館とはなにか………………………………………内田詮三　1
1.1　なんのために動物を飼うのか………………………………………… 2
1.2　水族館と動物園の相違………………………………………………… 3
1.3　水族館の歴史…………………………………………………………… 5
1.4　飼育……………………………………………………………………… 10
　　（1）飼育施設　11　　（2）飼育係の仕事　14
　　（3）健康管理――水族館獣医師とは　17
1.5　展示……………………………………………………………………… 20
1.6　教育……………………………………………………………………… 22
1.7　研究……………………………………………………………………… 24
1.8　経営……………………………………………………………………… 27
1.9　社会貢献………………………………………………………………… 29

第 2 章　哺乳類――鯨類・食肉類・海牛類………………………荒井一利　33
2.1　水族館の哺乳類………………………………………………………… 33
　　（1）水生哺乳類　33　　（2）飼育種　34　　（3）飼育の歴史　35
2.2　飼育・展示……………………………………………………………… 42
　　（1）飼育環境　43　　（2）餌料　46　　（3）健康管理　49
　　（4）収集　52　　（5）輸送　53　　（6）繁殖　54
　　（7）調教（トレーニング）　58
2.3　教育・研究……………………………………………………………… 60
　　（1）教育活動　60　　（2）水族館での研究　61

第3章　鳥類——ペンギン………………………………………荒井一利　63
　3.1　水族館の鳥類………………………………………………………63
　3.2　日本のペンギン飼育・展示の特徴………………………………64
　　　（1）東京都恩賜上野動物園　66
　　　（2）長崎水族館・長崎ペンギン水族館　67
　　　（3）アメリカ・シーワールド　69
　　　（4）アドベンチャーワールドと名古屋港水族館　72
　　　（5）ペンギン会議　72　（6）フンボルトペンギン　73
　3.3　現在の問題点………………………………………………………74
　　　（1）飼育気温　74　（2）疾病　75
　3.4　最近の傾向と今後の展望…………………………………………77
　　　（1）旭川市旭山動物園　77　（2）下関市立しものせき水族館　78
　　　（3）埼玉県こども動物自然公園　80　（4）集団飼育　81
　　　（5）個体群動態　82　（6）研究　83　（7）今後の展望　84

第4章　爬虫類——ウミガメ………………………………………内田詮三　85
　4.1　水族館の爬虫類……………………………………………………85
　　　（1）ウミガメ類　86　（2）飼育の歴史　92
　4.2　飼育・展示…………………………………………………………94
　　　（1）施設　95　（2）餌料　99　（3）採集と輸送　101
　　　（4）健康管理　102　（5）繁殖　105
　4.3　研究・保全・教育…………………………………………………109
　　　（1）研究と保護活動　109　（2）教育活動　116

第5章　魚類——軟骨魚類・硬骨魚類……………………………西田清徳　118
　5.1　水族館の魚類………………………………………………………118
　　　（1）軟骨魚類　119　（2）硬骨魚類　123　（3）飼育の歴史　124
　5.2　飼育・展示…………………………………………………………125
　　　（1）施設　126　（2）収集　128　（3）輸送　130
　　　（4）餌料　135　（5）健康管理　141　（6）繁殖　145
　5.3　保全・教育・研究…………………………………………………147
　　　（1）保護活動　148　（2）生涯学習（教育活動）　150

（3）研究活動　*153*

第6章　無脊椎動物——脊椎を持たない生物 ················**西田清徳**　*157*
　6.1　水族館の無脊椎動物（Invertebrata）···································*157*
　6.2　無脊椎動物の飼育···*161*
　　　（1）刺胞動物（Cnidaria）　*161*　　（2）軟体動物（Mollusca）　*167*
　　　（3）節足動物（Arthropoda）　*176*
　　　（4）棘皮動物（Echinodermata）　*181*
　6.3　水族館における無脊椎動物の将来··*185*
　　　（1）保護（保全）・普及啓発　*185*　　（2）研究活動　*189*

第7章　これからの水族館 ······································**西田清徳**　*191*
　7.1　これからの展示手法···*191*
　7.2　大切なつながり···*196*
　7.3　創りたい水族館···*197*
　7.4　水族館の課題···*199*

引用文献··*202*
おわりに···**内田詮三**　*210*
付表···*213*
索引···*217*

第1章　水族館とはなにか

内田詮三

　英語のアクアリウム aquarium は，語源的にはラテン語の「aquarius 水瓶」からきた言葉で，魚飼育用の小水槽や養魚池を指し，さらに，小水槽を多数展示する建造物としての「水族館」も意味する．英語圏では家庭用の小水槽と水族館を区別するために，前者を home aquarium，後者を public aquarium と分けて表現したりもする．しかし，日本では明治の文明開化期に始まった public aquarium に「水族館」の名を与えた．なかなかの名訳と思う．観賞用の熱帯魚，海水魚などを販売する店で「水族館」の名を冠したものもいくつかあるが，一般的に水族館といえば，多くの人々が観覧する public aqarium を指す状況が定着している．

　鯨類や鰭脚類を飼育する大型のオセアナリウム方式の施設がさかんになって，日本でもシーワールド，マリンワールド，シーパラダイスなどの名称がついた水族館が多くなった．しかし，これは固有名詞的使用であって一般名としては水族館に属し，日本動物園水族館協会でも動物園と水族館の2つのグループ分けであって，上記のカタカナ名の施設も当然水族館の範疇に入っている．

　水族館というものは建物内の多くの水槽で魚類や無脊椎動物を飼育展示している施設であるという認識は一昔前のことであって，現在では水族館という単語からの連想はこのほかに，ときによってはまっさきに，屋外大水槽でのシャチやイルカ，トド，アザラシ，セイウチが目に浮かぶのが一般的である．そもそも aquarium なる語は前述のとおり「水瓶」に由来して，小ガラス水槽，養魚池，水族館という語義がある．屋外イルカ水槽も巨大な水瓶であり，水族館の施設としていっこうに矛盾しない．したがって，水族館とは水族，すなわち無脊椎動物，魚類，水生両生・爬虫類，水鳥類，水生哺乳類

などを飼育し，展示して不特定多数の人々の観覧に供する施設と定義することができる．

水生哺乳類は鯨類，鰭脚類，海牛類の3つのグループがあり，日本の水族館では鯨類飼育館が37，鰭脚類が48，海牛類が4（1館は日本動物園水族館協会非加盟館）で海牛類飼育館が極端に少ない（日本動物園水族館協会，2012）．種数もジュゴン1館1頭，アメリカマナティー2館6頭，アフリカマナティー1館3頭，アマゾンマナティー1園1頭と非常に少ない．

1.1 なんのために動物を飼うのか

前述したとおり，水族館・動物園で野生動物を飼育するのは人間のためである．家畜は人間の食用とするために飼育する．園館での野生動物飼育は，人々の見たことがない日本産および外国産の地球上の各地に住む陸生動物や水生動物を見たいという欲望，知識欲を満たすために行う．現在は大都市だけではなく，地方の中小の都市でも，家畜でさえあまり見たことがない，魚はスーパーの切り身しか見たことがない少年少女が多いのではなかろうか．川や海で泳ぐ魚の姿を見ることができる人々の数は少なく，まして，水中での姿を見ることができるのは少数のダイバーのみである．海に出てイルカ，クジラをいわゆるウォッチングで観察できる人々の数も，人口との対比ではわずかである．

世界最大の魚類ジンベエザメは表層性で海表面近くを遊泳する．とはいえ，漁師や船員のように海洋を仕事の場とする人々でもめったに遭遇するものではない．大水槽で飼育することによりゲタばき，ハイヒールの観客も見ることができ，「こんな，でかい魚が世の中にいたのか」と驚き，喜びを与えることができる．

同時に飼育動物を教育に活用することができる．教育の対象は多くの年齢層にわたるが，とりわけ小中高の児童生徒に対する教育が重要であり，理科・社会教育，環境教育を効果的に実施できる．1980年代に欧米の水族館長の日本水族館見学ツアーがあった．参加者の1人，アメリカのボルチモア水族館の館長は海軍の駆逐艦長上りの元気者であったが，「水族館で動物を飼育するのはわれわれ人間のためだ．動物のためではない．したがって，そ

の動物を使っての教育こそ水族館の任務だ」と明快に割り切っていた．

沖縄記念公園水族館（沖縄美ら海水族館の前身）ではイルカのエコーロケーション（反響定位）能力の解説を中心に，音の世界に生きるイルカを科学的に説明する水中ショーを行っていた．これを見た件の館長殿は「世界でもっとも教育的なイルカのショーである」との評価をしてくれ，これでよかったのだなとの感慨を覚えたことであった．

もう1つの飼育動物の有効利用として研究がある．氏素姓が判明している動物を長年にわたって調査研究できる施設は水族館しかないので，そこでの研究は生物系の多岐にわたる分野で有益な活用ができる．なお，教育，研究については項を改め後述する．

1.2　水族館と動物園の相違

野生動物を飼育し，人々の観覧に供する施設という点で水族館と動物園は同じ部類である．しかし，対象動物は水族館が主として水生動物，動物園は主として陸生動物を取り扱うという点で大きな違いが生ずる．歴史的に見ても狩猟民族は家畜化したイヌを飼い，牧畜民族は食用のためにウシ・ヒツジ・ブタを飼育し，ウシ・ウマ，ゾウなどは使役用に飼育されてきた．つまり，人間の日常生活で，身近に哺乳類や鳥類が飼育され，種々の飼育技術も発達した．したがって，動物園用の野生動物を捕獲，飼育する基礎はかなりできていた．

一方，水生動物はせいぜい，淡水魚が池で飼育されたり，わずかな例で石組み水槽で海水魚が飼われたりしたくらいである．海水魚の飼育には水槽が必要であり，海水を運んだり，海水をよい状態にする装置が必要であり，陸生動物の飼育とは状況がまったく異なるので，近代水族館の出現は動物園のそれよりもかなり後のことになる．なによりも動物園では動物も人間も同じ空気を吸って，同じ空気中で相対することができる．しかし，水族館では人間は空気中，水族は水中でガラス越しに相対する．

水族でも鰭脚類や水鳥類は空気呼吸であり，空気中で人間とともに存在することもできる．空気中の滞在時間は短いが，鯨類も同様である．しかし，水族は水中が生活の場であり，ガラス越しに水中の状態を観察するのが本命

であり，この点は動物園の陸生動物とはまったく異なる．

　飼育動物の収集状況も園と館ではまるで違う．動物商という業種があり，かつては動物園では必要な動物種を，これに発注することによって入手できた．それより一時代前のように飼育係がアフリカに行き，キリンやカバの捕獲，輸送に同行しなくてもすんでいた．しかし，現在では野生動物の生息状況の悪化により発生したCITES，通称「ワシントン条約」（絶滅のおそれのある野生動植物の種の国際取引に関する条約）の規制により，外国産動物の入手が非常に困難になっている．

　動物園では，飼育下繁殖した個体の各園相互のやりとりが新規入手の主流になってきているようである．いずれにせよ，飼育係が直接，飼育用野生個体の入手に携わることはあまりない．一方，水族館では飼育係が，海や湖沼河川に出かけて採集する，あるいは捕獲は漁業者，取り揚げ輸送は飼育係といった図式で行うことが多く，これらが収集の基本である．なかでも定置網は近距離設置，個体が傷つかない捕獲という点で最良の飼育魚収集装置である．日本は世界に冠たる定置網王国であり，日本の水族館にとって大いなる利点となっている．

　地球上に生息している野生動物をどの程度飼育しているのかの点でも，動物園と水族館では大きな違いがある．人々が動物園で見たいと思う種類は，まずは日本には生息していない大型動物，ゾウ，サイ，カバ，キリンなどであり，猛獣のライオン，トラ，ヒョウ，クマ類，愛嬌者のパンダ，わが親類筋のゴリラ，チンパンジー，オランウータンなどの霊長類であろうか．とりわけ陸上動物の最大種，ゾウは動物園のシンボルのような存在である．

　日本の動物園87園のうち57園（66%）がゾウを飼育している（日本動物園水族館協会，2012）．大きな動物を見たいという人間の気持ちに動物園は応えているわけで，上記の大型種は数カ所の園を回れば観覧できる．もちろん人々が興味を持つのは大動物だけではなく，中型，小型のさまざまな動物にそれぞれファンがいる．しかし，驚きや，おもしろさを強く感ずるのは大型動物であろう．

　知られている大型陸生動物はすべて動物園で見ることができるが，水族館ではどうか．最大の水生動物，同時に動物界最大のシロナガスクジラ，最大のハクジラであるマッコウクジラを水族館で観察することはできない．それ

どころか大物ぞろいのヒゲクジラ類を飼育している館は世界でもゼロであり，大型水生動物はほとんど飼育されていないのが実情で，この点は動物園と大いに異なる．

現在飼育されている最大の水生動物は，哺乳類ではアメリカでの体長7 m台のシャチ，魚類では沖縄で飼育中の全長8.5 mのジンベエザメである．7-8 mの動物は直近で見ればなかなかの迫力であるが，シャチは鯨類のなかで，大きさのランク15番目くらいの中型種であり，ジンベエザメの全長8.5 mは現在飼育下で観察できる動物種の世界最大個体ではあるが，最大14-15 mに達すると思われる本種としては半分くらいのサイズである．このように水族館では，大型動物をはじめとした魅力的な未飼育動物の飼育に挑戦する満々たる可能性が残されている．

動物園では「客寄せパンダ」の表現のように特殊な種の導入が高い誘客力を生む例がわずかに存在するが，これはまれな例であり，多くの種をすでに網羅している動物園では，飼育動物の見せ方を改善するしか高い誘客力を得る方法が残されていない．

このよい例が北海道の旭山動物園である．一方，未飼育動物の可能性に挑み，ジンベエザメ，ナンヨウマンタの世界初の長期飼育成功により，水族館としては異例の継続的な入場者数日本No.1を達成したのが沖縄美ら海水族館であり，北の「旭山」，南の「美ら海」と評される所以である．

1.3 水族館の歴史

水族館の始まりとはいつごろなのかは諸説があるようだ．つまり，なにをもって水族館の芽生えとするのかであって，すでに紀元前25世紀にはシュメール人が淡水魚の飼育をしていた，あるいは紀元前11世紀の中国は周の武王がトラ，サイ，鳥類，魚類を飼育する「知識の園」なる施設をつくっており，紀元1世紀のローマ帝国時代には海水でウツボを食用や観賞用に飼育していた．これらのいずれかが水族館の始まりではないかという諸説である．

しかし，鈴木・西（2010）は食用のための魚類飼育の歴史をイコール水族館史とすることには疑問を呈しており，ガラスの水槽での観賞用魚類飼育を水族館の始まりとする，としている．筆者もそのとおりだと思う．鈴木・西

(2010) は水族館の歴史について，世界および日本の状態を細部にわたって詳説しているので，興味のある方は参照していただきたい．

　紀元前1世紀の初代ローマ皇帝，アウグスタスはトラ，ライオン，ゾウ，カバ，ワニなどを多数飼育し，円形闘技場で人間と動物，動物どうしを闘争させ，ときには死に至る死闘を多くの観衆とともに見て楽しんだという．また，紀元1世紀，ローマ皇帝クラウディウスはローマ近くの港で座礁したシャチを飼育し，皇帝親衛隊の兵士に槍で闘わせたという．これを世界初のシャチのショーと評した研究者がいるそうであるが，これは見当違いも甚だしいことで，このローマのシャチは円形闘技場での人間と猛獣の闘争と同じであり，シャチを殺す場面を楽しむだけであって，水族館でのシャチのショーとは次元が異なる．

　アウグスタス皇帝の闘技場で闘争によって死亡した猛獣は3500頭にも達したとのことである（中川，1984）．こうした闘争場面を多くの人々が楽しむ施設はローマ帝国の滅亡とともに衰退し，その後のヨーロッパでは王侯貴族の宮殿に付属する動物園がさかんに造営され，9世紀，フランク王国のカール大帝や13世紀の神聖ローマ帝国の皇帝は大動物園をつくり，ゾウ，キリン，ライオン，ヒョウなども飼育し，これらを引き連れて「巡回動物園」も実施した．

　王や皇帝が多くの動物を収集したのは，権力の誇示や政治的，宗教的な意図があり，一部の特権階級の人々のためのものであった．それを一般市民のために開放したのが，18世紀半ばの神聖ローマ帝国のヨーゼフⅡ世で，ウィーンのシェンブルン動物園を市民の要望に応えて開放した．現在もその面影を残して存続しており，近代動物園の始まりともいわれている．しかし，これにも異説があり，ほんとうの意味での近代動物園の始まりは19世紀に入ってからで，それは1825年にイギリスのロンドンで開設されたロンドン動物園であるとされている．この動物園内に，28年後の1853年に「フィッシュ・ハウス」と呼ばれる板ガラス製の置水槽を備えた水族館が併設され，これが近代水族館の始まりとなったのである．

　動物園・水族館の定義は野生動物を飼育し，一般の人々の観覧に供する公開施設である．野生動物飼育の歴史を簡略に前述したとおり，ロンドン動物園以前にもずいぶんと多くの野生動物が飼育される施設は存在した．しかし，

古代ローマの闘技場は一般市民も利用したであろうが，闘争を見せたのであり，動物の自然の姿を紹介しようとする近代動物園とは程遠い．その後の王侯貴族による施設は一部の特権階級のためであり，一般市民が利用できるものでなく，上記の定義には該当しない．

その点，ロンドン動物園は科学振興を望む市民の意思によって設立されたものであり，その目的も明確に示されている．すなわち「動物学および動物生理学の進歩，および動物界における新しきものの紹介」である（中川，1984）．これはまさに現代の動物園，水族館でも，あらためて自己の園館はなにを目的としているのかの確認を促すようなすばらしい目的表明である．

ロンドン動物園の英名は London Zoological Gardens であり，直訳すれば「ロンドン動物学園」である．「動物園」という和訳も悪くはないと思うが，「動物学園」としておけば，その後の日本の動物園水族館のレクリエーション施設的あるいは見世物的傾向の強さは柔らいだかもしれない．ロンドン動物園は開園後，市民のための施設として大好評を博し，これを契機にヨーロッパ各地に近代的動物園が出現し，水族館も続々と建設された．日本でも 1882 年に東京の上野動物園内に「観魚室（うおのぞき）」と名づけられた小型の水族館が出現し，これが日本近代水族館の始まりとなった．以下，日本の近代的水族館の歴史を紹介するが，主として鈴木・西（2010）を参照した．この 1882 年の「うおのぞき」以来，現代に至るまで，日本の水族館は社会全般の変化と同様に，非常に大きな変化を遂げた．運営形態，施設，展示動物などの状況変化の視点で，歴史的な流れとしてはおよそ 4 期に分けられる．

まず第 1 期は明治 15（1882）年から明治の終わりの 1911 年くらいまでの 30 年間で，17 館の水族館が出現した．この内訳は動物園付属 2 館，大学臨海実験所付属 1 館，博覧会用 7 館，私立 7 館であった．多数の経営形態があるが，特筆すべきは博覧会開催時の一施設として建設された館が多くあることであり，この点がこの第 1 期の特長となっている．

なかでも 1897 年の神戸市で行われた第 2 回水産博覧会用につくられた和田岬水族館，1903 年の第 5 回内国勧業博覧会開催時の堺水族館は日本で最初の濾過循環方式の水処理設備を備えた，国際的にも高い水準の海水水族館であった．この 2 館はドイツ留学経験のある飯島魁東大教授の指導によって建設された．その設立理念や水族館の機能については以下のような内容の記

述がある．「水族館の効用は非常に大きく，画家にとっても参考材料になり，漁師は生きている魚の運動や摂餌行動を見て漁法を考えることもでき，学者にとってもよき研究材料であり，とりわけ教育上は非常に大きな効用がある」ということで，非常に格調高いものであった．

博覧会開催時に水族館も併設するという傾向もヨーロッパにおける流れの導入であり，1851年のロンドン万国博覧会時の水族館の後身のクリスタルパレス水族館（1871年），パリ万博時のトロカデロ水族館（1878年）はいずれも大型の壁水槽，濾過循環設備を備えた立派な館であった．国際的な万国博覧会開催時に水族館を併設するのは「客寄せパンダ」的な目的もあり，水族館の有する高い誘客力を示すものであろう．このことは，通常の生活では見ることのできない水生生物の姿，海の中の状態，景観を見たいという人間の強い希望のあらわれであり，水族館の存在意義の最初の一点である．

つぎの第2期は昭和初期（1926年）から第2次世界大戦勃発（1939年）までの期間であり，この間に開館した水族館は55館もあった．内訳は国立9館（16％），公立8館（15％），博覧会（共進会）7館（13％），民営31館（56％）である．この期の特長はまず，国立大学付属臨海実験所に併設された水族館が続々と出現したこと，小規模ながら民営館が多数出現し，市町村立公営館もつくられ，経営形態が多様化したことであろう．東北大学（通称，浅虫水族館），京都大学（白浜水族館），北海道大学（厚岸水族館），東京大学（油壺水族館）など9館が建設された．

民営は第1期が博覧会付属と同じく7館（41％）であり，二者で81％を占めていたが，第2期では50％で31館と数の上では半数以上を占めるようになった．なお，第2次世界大戦直前に日本動物園水族館協会は任意団体として発足した（1939年）．会員は，動物園が上野，名古屋，京都など16園，水族館は中ノ島，堺，阪神のわずか3館であった．

1945（昭和20）年に第2次世界大戦は終了した．戦時中，衰退した水族館が戦後に復興し始めたのは1949年のことであり，その後，水族館建設ブームが到来したのである．この1949-1988（昭和24-63）年の第3期の特長は，経営形態として地方自治体が建設する公立水族館が激増し，第2期では飛び抜けて多数を占めていた民営館と肩を並べる館数に達したことであろう．昭和後半のこの40年間に開館した水族館は178館あり，内訳は公立70館

(39%），協会，組合などの半公立28館（16%），民営78館（44%），国立2館（1%）であった．

施設規模，機能的な面からも大きな変化，発展が見られた．民営では，江ノ島水族館が飼育水の温冷却装置採用，また水族飼育研究室も設けた．いずれも日本としては最初の試みであった（1954年）．1957年には神戸市立須磨水族館が本格的な公立水族館として開館，デンキウナギなどによる展示用実験装置を考案，小中学生を対象にした「水族科学教室」を開催，展示方法，教育分野でも新機軸を生み出した．さらに飼育係や研究担当者による収集活動，野外調査も実施し，研究面でも成果を上げ，レクリエーションに加え，教育，研究の機能を本格的に発揮した最初の館になった．

同じ1957年に江ノ島水族館の姉妹館として江ノ島マリンランドが開館した．これは容量5000トン，深さ6mの大型陸上水槽で，イルカショーを目的とした日本初の本格的オセアナリウム水槽であり，カマイルカ，バンドウイルカ，ハナゴンドウなどのショー展示が人気を博した．

オセアナリウム型のイルカ飼育館は，1970年に鴨川シーワールドが開館した．館長鳥羽山照夫博士の指揮下で日本初のシャチの飼育がなされ，鯨類の生理学，行動学，繁殖学などに貢献する研究も飛躍的に発展した．この流れを受け，1975年の沖縄国際海洋博覧会の日本政府出展の「海洋生物園」が開館，1978年には民営のサファリ形式の動物園，アドベンチャーワールド併設の鯨類飼育用の大型プールが建設された．1964年開館の大分生態水族館（マリーンパレス）は世界初のドーナツ型の回遊水槽を建設，民営館であるが，画期的な女性ダイバーによる餌付けショーなどの娯楽性とともに研究，教育にも大きな業績を上げた優秀館であった．とりわけ，高級魚シマアジの繁殖に成功，その技術を活用してシマアジの養殖場も建設，日本の水産養殖に貴重な寄与をしたことは特筆すべき水族館の社会貢献の事例である．

その後，世界初の，安全性の高い日プラ株式会社制作のアクリルガラスによる回遊水槽が高松市の屋島山上水族館に出現（1969年），アクリルガラス使用の大水槽がつぎつぎと建設される端緒となった．まずは1970年開館の東海大学海洋科学博物館と銘打った水族館の600トン，水深6mの水槽が出現した．この館は私立大学所属の水族館としては日本最初であり，研究，教育に重点を置いて運営された．アクリル大水槽の流れは1975年開館の沖

縄海洋博海洋生物園の1100トンの魚類大水槽建設につながった．この「黒潮の海」と名づけられた水槽では，世界初のジンベエザメやナンヨウマンタの飼育に成功，大水槽と大型板鰓類の組み合わせによる異常ともいえる高い誘客力と生物学的研究成果の情報を沖縄の地から世界へ発信したのであった．1971年に開館した串本海中公園センターの水族館は造礁サンゴ類やイソギンチャク類などの海生無脊椎動物の飼育，繁殖に力を入れて業績を上げ，水族館展示動物の範囲を広げた．

第4期は1980年代の終わりごろから現在に至る．この期の特長は主として政令指定都市である各地の大都市や中都市が競うように大規模な水族館を建設した点であり，民営の大型2館も開館した．列挙すれば神戸市立須磨海浜水族園（1987年），海の中道海洋生態科学館（1989年），東京都葛西臨海水族園（1989年），海遊館（1990年），名古屋港水族館（1992年），横浜・八景島シーパラダイス（1993年），鳥羽水族館（1994年，改築），かごしま水族館（1997年），下関市立しものせき水族館（2001年），沖縄美ら海水族館（2002年），京都水族館（2012年），合計11館である．

このうち，6館が政令指定都市に位置している．聞いてみたわけではないので，まちがっているかもしれないが，政令指定都市間の競争心が建設の原動力の一端となっているように思える．経営形態は，公設民営，財団営が4館，公立3館，半公立1館，民営3館である．公設館での指定管理者制度の導入により，運営担当者が複雑に変化しつつあるのが現在の水族館の状況である．

1.4 飼育

飼育とは文字どおり，「飼い」「育て」「飼いならす」ことである．野生の水生動物を飼育するためには，飼育担当者による収集，輸送，搬入，環境馴致，健康管理，繁殖促進などの一連の作業が必要である．飼育を行う水族館を創出するには，建設計画，館長および飼育係の確保，飼育施設の建設（取水・濾過循環設備，飼育水の加温冷却設備，排水設備などを含む），観客用施設設備の作成が必要である．上記の一連の飼育作業については各章の動物群の記述をご覧いただきたい．

この節では飼育施設の概略，水族館の中核たる飼育担当者，健康管理について述べることとする．なお，飼育の第1段階である収集については，日本の水族館は海外館とは異なった特長がある．それは所在地周辺の漁業者，漁業協同組合，魚市場などとの密接な関係である．魚類の収集は一本釣り，延縄釣り，大小規模の追い込み漁，そして各種の定置網漁・籠漁などを利用して行う．飼育係だけの自家採集も重要であるが，飼育係が漁業者と同行，捕獲は漁師，輸送は飼育係の協同作業も多い．先述のように，とりわけ定置網は魚を無傷で入手でき，沿岸近距離に設置されているという利点があり，水族館にとって最良の収集装置である．漁業者にとっても，水族館への活魚販売は鮮魚としての出荷より高い付加価値が得られる．

　イルカ類は各種の規則による縛りはあるが，正当な手続きによる定置網捕獲個体の入手は水族館にとって有益である．イルカ類については日本独特のイルカ追い込み漁が水族館への主たる供給源となっている．現在，和歌山県と静岡県において公的な許可のもとで行われており，前者の和歌山県（太地町）が漁獲数も多く，日本だけではなく，海外のイルカ飼育水族館へも供給している．

　飼育上重要な餌料は主として魚介類である．通常，販売業者からの入手が主であるが，鮮魚が必要な場合は漁業者，組合，魚市場からの購入になる．この点でも水族館と漁業者の関係が深いが，これは魚食民族の国，日本ならではの現象なのかもしれない．

（1）飼育施設

　建設計画にあたってはまず，技術屋の館長職，飼育責任者の確保が重要である．いずれも飼育の現場をよく知り，できれば新規開館に携わった経験者が望ましい．基本計画，実施計画の段階でこうした人材なしの場合，建設後，非常に不都合，かつ改善困難な問題が生ずる事例が多い．近年でも，計画時に設計者と学者だけで飼育者が不参加のため，改善不能の大型施設ができた例がいくつか存在している．

　水族館の生命線である海水の取水をいかにするかも重要である．日本人は自然志向が強いためか，水族館の立地も海岸近くが多い．館の直前にきれいな海水があっても，大量の海水を取り込むのは簡単ではない．海岸地形によ

っては何百 m も沖合にパイプを延ばす必要がある．また，大都会では直近に海があっても汚染海水で，動物飼育不適なので，遠くの海から清澄な海水を運搬しなければならない．最初は展示槽だけではなく循環系全体を満たす海水が必要であるが，その後は時間経過で消失した分と，水質劣化を防ぐために必要な新鮮海水の供給ですむ．東京，大阪，名古屋（魚類・無脊椎動物水槽のみ）では各々，船で年に何回かの海水搬入をしている．

アメリカでも同様な現象があって，ボストンやボルチモアの臨海立地の水族館も館前の海水は使用できない．日本と違うのは自然海水ではなく人工海水を使っている点である．広大な国土のアメリカでは内陸立地の水族館が少なくないが，とりわけオセアナリウム式の鯨類，鰭脚類や魚類の大水槽からなるマリンパーク型の水族館は立地の選択条件が，年間，数百万人の入場者の獲得可能ということであり，必然的にハブ空港周辺や既存の大観光地周辺になり，巨大な人工海水プラントによって人工海水を生産している．南部のサンアントニオやオーランドにあるシーワールドなどがその典型である．日本では内陸立地でも自然海水を運搬使用している館が多く，東京都内のサンシャイン水族館，しながわ水族館，エプソン品川アクアスタジアム（魚類・無脊椎動物水槽のみ）がこのタイプである．こうした傾向の理由は日本の人工海水価格が高価なこと，日本人の自然志向と無脊椎動物飼育にはやはり自然海水のほうが好適であることが考えられる．いずれにしても，日本の水族館の特色の 1 つといえるであろう．

しかし，時の流れとともに多少の変化があり，2005 年開館のエプソン品川アクアスタジアムのイルカ水槽は人工海水を採用し，2012 年開館の京都水族館，東京のすみだ水族館も同様である．今後，内陸水族館ではこの傾向が強まるかもしれない．

名古屋港水族館やエプソン品川アクアスタジアムの例でお気づきと思うが，前者は水生哺乳類用には多少汚れもある港内海水を取水，後者は人工海水を使用している．このことは，空気呼吸をする哺乳類と鰓呼吸で水中の酸素を取り入れる魚類との相違からきており，イルカの場合は多少汚れた海水でも，水温，気温がその種に適した範囲であれば飼育が可能である．

魚類の場合は排泄物や残餌から発生する有害なアンモニアの除去や必要な溶存酸素量の維持が必要であり，種に適した水温のための加温冷却に加えて

こうした良好な水質が飼育の必要条件となり，そのための濾過循環設備が必要となる．濾過循環が続けば水質が低下するので，良好な新鮮海水が取水可能な館では，一定量の新鮮海水を補給し，その分だけ排水する流水式を併用するのが望ましい．それが不可能であれば，上記のような遠い海からの海水の補充となる．具体的な一例を説明すると，沖縄美ら海水族館では距岸 300 m，水深 20 m の地点から最大 3000 トン/時，通常 2500 トン/時，6 万トン/日の良好な海水を総水量 1 万トン，77 水槽に対して使用している．7500 トンの「黒潮の海」水槽の 1 日の飼育水の交換率は循環水が 12 回，新鮮水が 4 回，計 16 回となり，12 万トンの良好な水が使用されていることになる．造礁サンゴ専用の 300 トンの水槽では 1 日 24 回転，1 時間に 1 回の割合で新鮮水が注入され排水される完全流水式で，1 日に 7200 トンの海水を使用している．2500 トン/時の良好な海水が使用できる館は国内外でもむしろ例外的で，質，量ともに世界一の飼育水といえる．この結果として——ほかにいくつかの要因もあるが——サメ・エイ類，造礁サンゴ類，深海魚類，宝石サンゴ類について世界一の飼育成績を達成している．飼育水が水族館の生命線である所以である．

　水族館は飼育動物を観客に見せる施設であるため，飼育水はたんに動物の生存上，良好な水質というだけでなく，清澄な透明度が必要である．一般的な濾過循環装置は，さまざまな濾材を飼育水が通過することにより，固形物や懸濁物を濾し取る物理的濾過と，有害なアンモニアを硝化細菌の力で弱毒の亜硝酸，硝酸へ変化させる生物学的濾過によってよい飼育水にはなるが，時間経過とともに着色が発生して，展示効果が落ちてくる．この対策として，塩素やオゾンを飼育水に注入して，その酸化力によって脱色したり，凝集作用で懸濁物を凝集して濾過効果を高めることができる．このほか，泡沫分離装置では細かい気泡を水中に放出して，それに懸濁物を吸着させて分離させる．この方法はプロテインスキマーと称して，欧米の水族館で重用されている．透明度を高め殺菌や除菌効果のあるこれらの装置は，日本の水族館では 20 世紀末以降に採用されている．

　飼育水の質が魚類よりは低くても飼育可能な水生哺乳類の水槽については，1957 年開館の江ノ島マリンランドをはじめ，いくつかの館のイルカ大型プールの汚れと透明度はひどいものであった．これは，プールの容量に対して

少ない取水量と不適当な濾過装置のためである．いずれも横から水中を見る観覧ガラスはなく，もっぱら水面上から見る方式であるが，透明度が低くて，水中の姿はまったく見えず，緑褐色の水面に呼吸浮上したときに初めて，イルカの存在がわかるような水槽もあった．けっきょく飼育水の透明度もよく，側面大型ガラス面を通してイルカの姿が観察できるようになったのは，1970年開館の鴨川シーワールドの「ベルーガ水槽」，1975年の沖縄海洋博時の「イルカスタジオ」以降のことになる．

　イルカ水槽はショーのような行動展示を見せる観覧席付きのメイン水槽のほかに予備水槽，中小の飼育水槽，治療水槽が必要である．とりわけ雌雄の成熟個体を収容して，繁殖を目指す中型の繁殖水槽の設置が望ましい．しかし，透明度の件と同様に主として経済的な理由と思われるが，当初のイルカ飼育施設ではこのメイン水槽のほかの諸目的の水槽がまったく少なかった．

　アメリカのイルカ飼育施設とは，この点について，その差は歴然としていた．20世紀末から21世紀にかけての大型水族館建設ブームで，大水槽に接して複数の飼育槽や治療槽を持つ施設は増加したものの，いまだ十分とはいえない．この状況がイルカ類の繁殖成績でいまだにアメリカに遅れをとっている理由の1つであろう．

（2）飼育係の仕事

　飼育係は水族館にとって貴重な財産であり，彼らの働きがなければ水族館は成り立たない．水族館の創出には，建設資金があり，建設計画をつくり，建設・設備会社が工事をすれば，物理的な建造物としての水族館はできあがる．そこへ収集した水生動物を搬入し，飼育し，入館客の観覧に供せる状態にする．いわば「魂」を入れるのは飼育係の仕事である．海へ出てイルカを捕え，延縄を仕掛けてサメを捕獲し，海に潜って魚介類を採集し，いずれも自ら水族館へ輸送をする．

　餌をつくって給餌を試み，飼育環境に適応して長生きし，繁殖するように努力する．病気の治療をする．イルカの場合は調教訓練もする．大観衆の前でショーも実施する．生きものは必ず死ぬ．死体はきちんと解剖し，調査をして死因の解明に努める．標本をしっかりつくる．などと飼育係の仕事は枚挙にいとまがない．半世紀前の水族館では，飼育係は飼育以外の仕事もずい

ぶんやらされたものである．

　水処理用設備の取り扱いも飼育係の担当であり，揚水ポンプが不調時のパッキンの取り替え，回転軸の芯出し，宿直時にしょっちゅう起きる給水システム事故の後始末などはともかくとして，貧乏水族館では，繁忙時の売店や食堂の手伝い，販売用の魚の干物づくり，客の呼び込み，駐車場の整理など，なんでもこなした．ホイストもクレーンもない時代であったため，トラックで取りにいってきた餌料用の魚のトロ箱も，イルカの搬入もすべて手作業で，担架で重いイルカを担ぐのはきつい作業であった．イルカ飼育館で腰痛症を発症した飼育係も多かったものである．しかし，水族館が大型化するにつれて，機械設備も高度化し，飼育係の手に負えるものではなく，電気水処理の専門技術者が担当するようになってきた．現在は，飼育係が直接関係のない仕事に駆り出される度合は少なく，飼育に専念できる館が多くなってきたのは喜ばしいことである．

　収集作業は飼育係にとって，重要な，ときによってはハイライト的な仕事である．漁業者から購入する場合も，釣り漁，網漁など，できるだけ捕獲作業に同行し，輸送は飼育係が実施するべきである．輸送の良否が搬入後の動物の生存，飼育成功に大きくかかわるからである．最近は水族館展示用動物を供給する業者もいくつか存在し，注文によって館に届けられるケースも増えてきた．水族館としては楽であり，場合によっては自家採集を組み立てるより安価なのかもしれない．しかし，外国産はともかくとして，国産動物については，捕獲，輸送を館が行う自家採集も実施したほうがよいと考える．何回か捕獲，輸送を自ら行うことにより，生残率を高め，よき飼育を行うには捕獲，輸送でいかなる努力をすればよいかを知り，それを通じてその動物に関する知識を得ることができ，骨惜しみをすれば手痛い目に遭うことが理解できるからである．

　魚類・無脊椎動物の自家採集は各種の釣り漁，網を使った小規模追い込み漁，各種の定置網，刺し網などの網漁，各種の籠漁，最近ではROV（遠隔操作無人探査機）を使った無脊椎動物の採集も実施されている．

　イルカについては前述のとおり，日本独特のイルカ追い込み漁により捕獲され，湾内蓄養された個体を各館が輸送する方法が主であるが，水族館による自家採集，漁業者との同行採集も行われている．おもな例では巻き網採集

（カマイルカ，スナメリ），水族館が組織した追い込み漁（ミナミバンドウイルカ），ロープ捕獲法，手づかみ捕獲（ベルーガ），離脱式タモ網捕法（イロワケイルカ），尾鰭捕捉法（カマイルカ）が日本の水族館で実施された．後二者の捕獲方法はイルカ類が船の船首について泳ぐ習性を利用したもので，1頭ずつの捕獲方法である．

　水族館が展示対象にしたい水生生物には未飼育の種も多い．未飼育種の飼育には研究的作業が必要であり，よき飼育，繁殖を目指すためには動物の生態学，生理学，治療学的な知識，技術も必要になってくる．このため水族館飼育係では大学卒業者の率がかなり高い．また，水族館の大型化，近代化にともない飼育係に求められる技能も多様化している．水族館飼育係の仕事には4つの危険因子がある．すなわち，①水，②電気，③重量物，④危険動物，である．

　収集や調査で海に出る．船にも海にも危険がある．館内，館外の水中作業，潜水作業はつねに危険をともなう．水族館は電気だらけである．水と電気の組み合わせは非常に危険だ．オキゴンドウ，バンドウイルカは数百kg，シャチやジンベエザメは5-6トンはある．ジンベエザメの輸送で海水を入れたコンテナーは数十トンもあり，これを曳航し，吊り上げもする．蓄養生簀に使う網のかたまりは数百kgもある．こうした重量物の取り扱いは危険だ．

　水族館の危険動物は大小さまざまである．シャチ，オキゴンドウ，トド，オタリアは海の猛獣である．アメリカではシャチによる死亡事故が起きている．オオメジロザメのような「嚙み裂き強襲型」のサメは危険そのもの，防護柵なしではともに水中にいることはできない．機能歯がないジンベエザメも，体重4-5トンを取り扱うのはたいへん危ない．致死的な毒のあるアンボイナガイ，ウミヘビ類や猛毒の毒棘を持つオニダルマオコゼやエイ類も取り扱いには細心の注意が必要である．

　一例として沖縄美ら海水族館の飼育係の有資格者，学歴の構成を表1.1に示す．このようにきつい肉体労働も，いろいろな「お勉強」もしなければならないので，水族館飼育係員は「海の土方」であり，「海のインテリゲンチア」でもある．

表 1.1 沖縄美ら海水族館における飼育員の学歴（A）と保有資格状況（B）（2012 年現在，解説員を除く）．

A

	男	女	計
博士	3	0	3
修士	8	2	10
学士	19	10	29
専門学校	13	4	17
高校	12	0	12
合　計	55	16	71

B

	男	女	計
博士	3	0	3
動物取扱責任者	12	1	13
学芸員	8	6	14
獣医師	2	0	2
正看護師	0	2	2
飼育技師	20	8	28
潜水士	35	10	45
小型船舶免許	24	3	27
危険物取扱	3	0	3
高圧ガス	3	0	3
クレーン運転士	5	0	5
フォークリフト	12	0	12
小型移動式クレーン	13	2	15
玉掛	14	1	15

（3）健康管理――水族館獣医師とは

　健康管理とは飼育動物の種に適合したよき飼育環境をつくり，良好な飼育を継続し，その証左である繁殖を目指し，疾病を予防し，その早期発見に努め，発症した疾病の治療をすることである．この健康管理の面でも，鰓呼吸の魚類と肺呼吸の水生哺乳類では大きく異なる．魚類ではよき飼育環境とはまず，その種に適した水温維持であり，南方系の種は不適当な水温低下で死に至り，深海魚では飼育水を冷却する必要がある．水質として，水素イオン濃度，溶存酸素量，塩分濃度などを適正に保ち，有害なアンモニアを除去しなければならない．

　こうした水質の諸要素は，濾過循環が長期間続くと魚にとって好ましくない変化が生ずる．これに対処するのも飼育係の仕事である．閉鎖濾過循環方式で新鮮海水の注入量が少ない水槽では，板鰓類（サメ・エイ類）にヨード不足による甲状腺肥大症が起きて，下顎が腫れ，死亡する例もある．ヨードは海水中にわずかに存在する微量元素で，濾過循環により消失するため，新鮮海水の注入量を増加したり，ヨードを飼育水に添加することで治癒する．

魚類の疾病としてはウイルスをはじめとする微生物感染症が多数報告されており，寄生虫症も白点病の繊毛虫症や鞭毛虫症，吸虫症などがある（日本動物園水族館協会，1995）．こうした魚病の発症は飼育水の状態に密接に関連しているので，予防には飼育水の良好な管理が重要である．

　魚病の治療には，抗菌剤や各種薬剤の経口投与や，病魚や擦置傷などの外傷個体を収容して薬浴をする方法もあるが，飼育水全体に各種の殺菌，消毒剤を添加することも多い．また，飼育水システム内に，紫外線やオゾンの発生装置を組み込んで，殺菌，消毒を図るのも近年の傾向である．

　日本の水族館の事始め，1882年の上野動物園の「観魚室」や近代水族館としての20世紀前後の和田岬や堺の水族館以来，長い間，魚類主体の水族館では前述のような健康管理や疾病治療はもっぱら飼育係が担当し，獣医師は存在しなかった．最初に獣医師を職員として採用したのは，1957年開館の江ノ島マリンランドであり，続いて鯨学の泰斗，西脇昌治博士の指導の下，当時の庄司五郎町長の熱意によって創出された太地町立くじらの博物館であった（1969年開館，1971年採用）．

　日本の水族館のイルカ飼育は1930年の中之島水族館の入江内のバンドウイルカの飼育に始まり，阪神パーク水族館のカマイルカ（1934年），コビレコンドウ（1935年）の例があるが，粗放的な飼育であり，後二者は長期飼育はできなかったようである．

　イルカの健康管理の第一歩である異常の発見は，遊泳行動，接近摂餌，呼吸数，ショー行動，顔つきなどの観察に始まり，体温，心拍数，血液検査，細菌検査，X線検査，超音波検査などが必要になる．ところが，諸検査をするためには，イルカを保定しなければならず，これが問題であった．保定には水槽の水を落として，イルカを槽底に置くのがよい方法であり，これには，短期排水，短期満水の施設が必要であったが，江ノ島マリンランド（1957年），伊東水族館（1962年），照島ランド（1968年）などは，これと程遠い施設であった．

　こうした水槽では，イルカは網捕獲による保定が必要となるが，この方法は極端に透明度の悪い大水槽ではイルカの羅網死の危険もあり，多数の人員が必要で，簡単に実施できなかった．

　短時間排水・満水が可能になったのは1970年の鴨川シーワールドのイル

カ水槽が始まりであり，獣医師の存在とあいまって，健康管理や疾病治療に必要な血液検査をはじめとする諸検査の実施により，イルカの健康管理，生理値の解明は飛躍的に進歩したのであった．数館の水族館獣医師が活動するようにはなったが，数を増しているイルカ飼育館で，獣医師を採用している館は少なかった．そうした館では飼育係や館長ができる範囲で，獣医師的な仕事としての検査や，疾病治療をしたものである．曲がりなりにもイルカの血液検査を日本で最初に実施したのは，1970年前後の照島ランドや鴨川シーワールドであった．また，1975年開館の沖縄海洋博水族館では飼育係や館長の手に負えない外科的，内科的治療は，水族館のよき理解者である県立病院の各科の医師の援助と協力で行った．県立病院へイルカを運んでX線検査をしたり，マナティーの子宮感染症では，思いもよらぬ抗生剤の腹腔内大量投与で救命をしていただいたものであった．

　獣医師は家畜の大動物やペットの小動物についてその健康管理や疾病治療，各種検査は学習するが，通常，水生哺乳類は対象にならない．したがって，水族館の獣医師はまず，対象となる鯨類や鰭脚類の飼育を実地で学ばねばならない．筆者が水族館獣医師に求めるものは，①飼育係として働き，飼育にかかわるすべての仕事を身につける，②イルカショーなど行動展示をしている場合は調教訓練やショー担当も行う，③これが身についたうえで，「獣医師がきて，健康管理，疾病治療が格段の進歩をした」と周囲が認めるような獣医師らしい仕事を目指す，ことである．②によって自分が取り扱う動物そのものを知り，その飼育を知ることができる．満座の観客を前にして，イルカがショー行動をしないときの飼育係のみじめな気分も味わえる．

　イルカのよき取り扱い，健康管理，繁殖を目指すうえで飼育係と獣医師は車の両輪である．相互に理解することで車はよく動く．沖縄美ら海水族館では，何人もの獣医師が水族館不適応で早々と退職したが，4番目の植田啓一氏，5番目の柳澤牧央氏の2人の獣医師は見事に適応し，期待に十分に応えたくれた．植田獣医師は世界初のイルカ人工尾鰭の開発に取り組み，ゴムメーカーのブリヂストンや多くの研究者，飼育担当者からなる開発チームを立ち上げ，2年の歳月をかけて，2004年に世界最初の成功を収めた．柳澤獣医師は魚類担当時に，松本葉介飼育係長とともにジンベエザメの健康管理で世界初の遊泳血液採取法を開発し，危険な保定なしの採血，点滴静注，輸液

に成功した．これは獣医師が水生哺乳類だけでなく，魚類，とりわけ大型サメ・エイ類の健康管理，疾病治療で活躍する道を開くことになった．現在，2人の獣医師はともに哺乳類，爬虫類，魚類の知識を持ち，健康管理，疾病治療が実施できる日本では数少ない水族館獣医師として活躍している．

2013年現在，29水族館で40人の獣医師が活躍している．

1.5 展示

展示とはなにか．広辞苑では「品物・作品をならべて一般の人々に見せること」と，いと簡単である．ところが，博物館やその1つである水族館での展示となると，ややこしくなる．「博物館における展示とは展示資料（もの）を用いて，ある意図のもとにその価値を提示するとともに展示企画者の考えや主張を表現・説示することにより，広く一般市民に対して感動と理解・発見と探究の空間を構築する行為である」（新井, 1976）ということになり，新しい水族館をつくるにあたり，いわゆる「展示コンセプト」，いかなる展示をするかの考え方，方針が定められる．この傾向は，とりわけ公立館に多いように思われる．

しかし，この「コンセプト」なるものは計画立案時の道具で終わることが多いような気がする．館の入口に，「この館の展示コンセプトはこういうことです」と表示することはまずなく，パンフレットには書かれていても，それを見ない観客も多い．また，コンセプトどおりの動物展示がなされていない館も多い．入館客はなにかを学ぼうとか，なにか想念を持って観覧しようとする人は少なく，とにかく見よう，ということで足を進めるのが一般的である．とくに，観光地の館では観光旅行の一環として，あるいは観光の主目的として訪れるので，この傾向が強い．

飼育動物をよき状態で飼育し，それを見る観客が「おもしろい，すごい」と感動し，楽しみ，新しい発見をする．その間に海の動物を知り，驚き，このすばらしい生きものが絶滅してはならない，そのためには海を汚してはならない，そのために各個人にできることはなにか，などとの思いを抱くような水族館の展示をするのが飼育係，管理者の腕の見せどころである．観客数が多ければ，多くの人々に効率よく有益な情報を発信することができる．し

たがって，いかにして誘客力の高い動物を飼育し，目的に沿った展示をするか，水族館人は真剣に考えねばならない．ただし，誘客力の向上のための仕事は，見世物的，「エリマキトカゲ騒ぎ」的にならないよう，教育施設としての品格あるものでありたい．

　展示方式というと，博物館学的な水族館解説書では，従来の分類展示，形態展示から，生態展示，環境再現型展示などに変化してきたとされている．しかし，1つの水槽でいくつかの展示方式を備えている場合も多い．たとえば，小中型水槽で魚名板での解説がおさまる範囲の少数の種類を飼育し，生息環境に即した水槽環境をつくれば，解説しだいで分類的，形態的，生態的，行動展示，環境再現型展示をしていることになる．たとえば，沖縄美ら海水族館では，大枠の展示コンセプトは分布域別展示であるが，上記の水槽の状況はサンゴ礁域，深海域の区画内の水槽で具現できる．黒潮周辺の外洋域水槽ではジンベエザメ，ナンヨウマンタをはじめとする各種魚類に対する給餌を見せているが，これは行動展示であり，魚群のあり様などは生態展示でもある．水槽内は擬岩はまったくなく，海には比べようもないが，7500トンの巨大な水塊のみである．「環境再現型モドキ」ともいえるだろうか．大枠の展示コンセプトを決めればよく，展示方式分類にあまり神経質にならなくてもよいのではないか．

　江ノ島マリンランド以来，イルカ飼育館が増え続けてきたが，魚類主体の館の水族館人のなかには「イルカのショーなどはサーカスみたいなもので，水族館にふさわしくない」と否定する人々がいた．当初，そういわれても仕方がない館も少しはあったが，1つには「ショー」という単語からのサーカスのアシカや猛獣のショー，コミカル・ショーなどへの連想，興行的な語感からの発想であったかもしれない．ショー以外に適当な日本語の訳語を思いつかなかったので，「ショー」ということになったのであろう．「イルカショーけしからん派」の人々も，自分の水族館でイルカ飼育せざるをえなくなると「イルカのショーではない」という名のイルカショーを実施したりしていたものである．水槽区分としての「ショープール」，名称としてのイルカショーはあってもよいのではないか．現在実施されているものは運動能力，聴覚，視覚能力，認知能力を示す展示である．海外にはイルカ飼育を否定し，攻撃する「感情的鯨類愛好者」が存在する．そうした傾向を考慮したためか，

イルカショーを苦しまぎれに「演示展示」などという新造語をつくっている．語呂も悪く，「只今から，イルカの演示を行います！」の放送では，ちょっと工合が悪いのではないか．

　展示動物や標本解説では動物名板その他の解説板がある．最近は日進月歩をしている種々のAV機器による解説も始まり，動物名板も液晶パネルを用い，動画や外国語説明も簡単に利用できる機器も登場している．展示解説でもっとも効果の高いのは生の人間，解説員によるものである．とりわけタッチプールや魚名板が使いにくい巨大水槽，イルカショーでは解説員によるよき解説が重要である．

1.6　教育

　水族館での水生動物は人間のために飼育するのであって，動物のためではない．したがって，飼育動物を材料として教育するのが，まず第1という考え方はもっともである．飼育動物は一方的に人間の都合で捕獲され，飼育され，やがて死ぬものであるから，彼らが教育や研究などの有意義なことに使われるのであれば（ほかの種であるヒトにとってではあっても），成仏するのかもしれない．水族館の研究や自然保護活動は直接的，間接的に飼育動物のためにもなる．

　展示そのものが水族館における教育でもある．楽しみながら学べる教育である．近代水族館の始まりである20世紀前後に開館した和田岬水族館，堺水族館では，水族館は教育的に重要な存在であると高らかに明記している．その後，多くの公立，私立の水族館が建設され，そのなかにあって，公立，私立のいくつかの館では，サマースクールでの水族館教室，海洋科学教室や特別展が開催されている．解説員が活躍する館も出現し，海での臨海実習も行われるようになった．しかし，こうした教育活動は比較的，大規模な少数の館で実施されたが，中小の館，とりわけ私立館では，教育まで手が回らない例が多かったようである．筆者が勤務した2つの民営貧乏水族館では給料の遅配を避けるためには，飼育係も売店，食堂の手伝いに慌しく，教育どころではなかったものである．

　現在では教育施設としての水族館が強調されるようになり，館内外での教

育がさかんに行われるようになった．館内では飼育動物や標本を使ってさまざまなタイプの活動が行われ，なかでも動物の生息環境の破壊，消滅，動物種の絶滅が危惧される現在，環境教育が重視されている．飼育係の体験実習，専門学校生，大学生の研修，学芸員の単位取得のための実習を受け入れるようにもなってきた．館外では磯やサンゴ礁での臨海実習，ウミガメ放流会，鯨類ウォッチング，学校への出前授業，移動水族館も実施されている．

　高齢者が増加していることもあり，病院，福祉施設への移動水族館は社会貢献活動としても好評である．身体障害者への配慮として，最近は水族館の施設にもバリアフリー化が求められている．水族館は動物園に比して音やにおいもなく，視覚障害者にとって利用しにくい施設である．そこで沖縄美ら海水族館では，研究用として作成したジュゴン，ゾウ，イルカの心臓のプラスティネーション標本（組織置換標本）を手始めに，触察用としてアオザメ頭部，ジンベエザメの心臓，メジロザメ類の胎仔，各種硬骨魚類，無脊椎動物などの標本を多数作成した．視覚障害者の理科教育の世界的権威である鳥山由子博士（元・筑波大学教授）や筑波大学付属視覚特別支援学校（盲学校）の武井洋子教諭のご指導を受け，近畿圏の盲学校5校，上記東京の支援学校などでプラスティネーション標本を使用した触察授業を館の担当者が実施した（2011年）．これは非常に好評であり，見学にきたほかの学校や組織の関係者から出張授業や標本の貸出しの依頼が数多くあった．

　こうした状況を受け，2012年には新設の海生動物の資料室の一角に，鳥山博士のご指導を受けて視覚障害者対象の触察用プラスティネーションや音声解説機能を持つ人工標本などを設置したコーナーを設け，修学旅行などで来館する盲学校生徒には触察授業が行える体制を整えた．これで水族館も多少は視覚障害者が喜んで来館する施設になりつつあるように思う．こうした作業を通じて，盲学校の先生方の献身的な態度にたいへん感銘を受けた．上記コーナーの立ち上げ時の鳥山先生のご指導では，晴眼者には思いもつかないご指摘を受けて，目から鱗が落ちる思いをしたものである．今後は，水族館の教育機能の充実のためには，聴覚障害者のための手話技術者の採用も必要だと思われる．

　さて，利潤追求を目的とする民営の水族館では，利潤追求の鎧を教育，研究，自然保護の法衣で覆う趣きの館がないわけではないようである．しかし，

よきことを語る僧であれば，鎧の上の法衣でもけっこうではないか．事実，膨大な利潤を追求しているように思われるアメリカ各地にあるシーワールドは，研究，自然保護分野でも優れた業績を上げて高く評されている．日本との異なる税制や寄付習慣の差もあると思われるが，アメリカのモンテレーベイ水族館では立派な付属研究所もあり，教育担当部署には90人もの要員を擁している．日本の水族館でも専門の教育担当課や要員を置いている館もわずかながら出現しているが，この分野ではアメリカの諸館におよぶべくもない．今後の大きな課題の1つである．

1.7 研究

　水族館における研究とはなにか．まずは，生きている飼育動物を対象にした生物学的な研究である．その他，飼育環境の飼育水をはじめ飼育設備に関するもの，文化的な展示方法や建築，設備のデザイン的な研究，教育に関するものも考えられる．しかし，ほかの組織，機関では得られない，生きている多種類の水生動物，そして同一個体を長期観察，調査が可能な飼育個体を対象にした多岐にわたる分野の生物学的研究こそ，水族館における研究の中心であり，白眉である．したがって，この節ではこの研究の概略について述べる．

　水生動物の研究調査では野生個体を対象とするものと飼育個体を対象とするものが車の両輪で，この2つの分野が相補って進歩する．鯨類を飼育している研究機関は日本には存在しない．魚類は水産センター，栽培漁業センター，大学などでも飼育しているが，主として食用魚の増養殖や中小型種を使った実験が目的であり，多くの種類，とりわけ最近大型水族館の展示魚として脚光を浴びつつある板鰓類（サメ・エイ類）などは取り扱っていない．

　生理学上の血液，ほかの体液，尿，糞便，呼吸，心拍，内分泌などに関する生理値，疾病，治療，繁殖生態，人工授精などに関する知見は飼育によらなければ得難いものが多い．胎生種の胎仔の出産時の姿勢（胎位）は，水族館飼育下個体の観察により，イルカ類は通常は尾が先に産出される尾位，アメリカマナティーは頭位と尾が先の尾位の両方があることが初めて判明した．板鰓類でも胎盤型胎生（メジロザメ類，シュモクザメ類）では尾位，胎盤類

似物型胎生のマダラトビエイは頭位，尾位いずれの例もあり，ナンヨウマンタは通常は尾位だけであることが，同様に水族館での出産によって確認されたのであった．

　動物心理学，行動学，生態学などの分野におけるイルカ類の個体間関係，認知能力，知能，コミュニケーション機構などの調査研究も飼育によってしか実施できない点が多く，野生個体や死体調査では永久に知見が得られない調査が多々ある．典型的なのは血液性状調査である．鯨類の血液性状は素性のわかっている飼育下の同一個体の継続的調査によって，初めて判明してきたのである．未調査であった大型板鰓類のジンベエザメ，ナンヨウマンタ，オオメジロザメの血液性状調査も最近，沖縄において進みつつある．

　飼育個体の疾病の発見，治療，治癒，死亡の一連の過程において獣医学，治療学，薬学，解剖学，病理学，微生物学などに関する知見を得られる．飼育動物を適正に飼育し，繁殖を目指すには日々，研究的作業が必要である．とりわけ初飼育に挑戦する場合は研究が重要である．よき飼育をするうえで，大学，病院，研究機関の指導，協力を必要とする場合も多い．生きている個体を有する水族館飼育係と研究者による共同研究は相互に利益を得られる．日々，作成される綿密な飼育日誌は飼育動物とともに水族館の宝の山である．飼育係には筆者の自戒も込めて，「『宝の持ち腐れ』にするな，論文を書け」といい続けてきたものである．論文作成には共同研究が非常に有益である．飼育係だけではなかなか書けない，書くのに時間がかかりすぎることが多いが，論文作成のプロである研究者と共著であれば，きちんとできあがる．共同研究にあたり，筆者の飼育係への要求は「研究者にとって都合のよいサンプラーに終わるな」ということであり，「共著者にしてもらったくらいで研究者面をするな，つぎは自分が筆頭著者の論文を書きなよ」であった．

　水族館と研究者の共同研究，飼育動物を利用した研究をいくつか紹介する．三重大学の吉岡基博士の鯨類のホルモン動態の研究は飼育個体を有効に活用したいへんよい例で，結果の1つとして，鴨川シーワールドは日本で最初のバンドウイルカの人工授精による繁殖に成功している．東海大学の村山司博士が鴨川シーワールドの鳥羽山照夫博士とともに実施した，独自なイルカ類の認知・学習機構の研究も，日本のイルカ学において画期的なものであった．そのほかに竹村暘博士，赤松友成博士，中原史生博士のイルカの鳴音，

聴覚能力の研究も，野生個体に加え飼育個体を利用して，種々の成果をあげている．

前述のイルカの人工尾鰭の開発では，株式会社ブリヂストンに社会貢献として全面的に指導，協力していただいた．制作を担当した加藤信吾氏，斉藤真二氏の2人の技術者は献身的な技術者魂を発揮して，初めての仕事に長期間取り組み，世界初の人工尾鰭が完成した．

研究者陣としては，鯨類研究者の大谷誠司博士，流体力学の権威である神部努博士，そしてブリヂストンの研究者グループに参加していただき，ほかに彫刻家の薬師寺一彦氏にも造形的な協力を得た．水族館は植田啓一獣医師，飼育係の指揮官である宮原和弘課長（当時）ほかの飼育係の面々が働いた．まことに学際的，異なる分野の人々の一致協力共同研究によってすばらしい成果をあげたのであった．

沖縄美ら海水族館ではベルギーの研究者，ジェローム・マルフェット博士と水族館の佐藤圭一博士との深海ザメ，フジクジラの発光機構の共同研究において，水族館の深海魚収集と飼育の技術および設備を活用した．北海道大学の冨田武照博士と水族館の戸田実研究員ほかとの胎盤類似物型の胎生種であるナンヨウマンタ胎仔の子宮内での呼吸機構の研究は，超音波エコー画像による生体観察によるものであった．いずれも画期的な結果を得ている．

また，胎盤学の世界的権威である相馬廣明博士には，長年にわたり懇切なご指導を受けてきたが，最近，アカシュモクザメとナンヨウマンタについて水族館側が資料の提供，入手をするという形での共同研究を行った．胎盤型胎生の前者の胎盤や胎盤類似物型胎生の後者の子宮の絨毛細胞などについての博士のこの研究により，これらの魚類の胎盤や子宮には哺乳類であるヒトと類似性があるという目を見張る成果を得たのであった（Soma *et al.*, 2013）．

日本では水生哺乳類，ウミガメ類，板鰓類の混獲，迷入，座礁，死体漂着に際し，もっとも高い処理能力を持ち，研究上の標本としての価値判断もできるのは水族館である．まず，生体の受け入れ施設としては水族館しか存在しない．死体標本処理についても，クレーン車，トラック，冷凍庫，体重測定器，標本処理，測定機能などがそろっている．大型冷蔵庫の自己設備がなくとも知り合いの冷蔵会社，漁協などの活用方法を熟知しているのも水族館である．

飼育動物を眺めていると，研究者が活用すればおもしろい結果が得られそうな材料が山ほどあるのを感じ，せっかくの生きている生物が利用されないのがおしい気がする．水族館は当分，存続するはずであるから，この世から消えないうちに十分活用することを研究者の方々にお勧めする次第である．

1.8　経営

水族館の歴史で述べたように，日本の水族館の設置者（創立者）はさまざまである．日本動物園水族館協会の 2012 年発行の『日本動物園水族館年報 2011 年度版』によれば加盟館は 66 館であり，設置者の内訳は以下のとおりである．国：3 館（対総館数 5%），地方自治体：37 館（56%），民間：26 館（39%），総数：66 館（100%）．国は京都大学の白浜水族館，ほかの 2 つは建設省（当時），現・国土交通省が管轄する国営公園内に設置された館で，福岡県と沖縄県に立地している．地方自治体 37 館の内訳は県 13 館，市町 23 館，その他 1 館（県と市が管轄する組合）である．

従来，地方自治体での水族館の管理運営は傘下の公社，協会などが委託によって行っていたが，2003 年の地方自治法の改正により「指定管理者制度」が始まり，民間事業者，NPO 法人，ボランティア団体なども公募に参加できることになり，採用されれば管理が担当できるようになった．2012 年 4 月現在で，上記の 37 館中の 20 館（54%）がこの制度の適用で決まった運営管理者である．しかし，従来の受託者が，公募の結果として採用されることが多く，まったく異なる組織の採用は数館にとどまっている．指定管理の受託期間は 3-10 年間で，自治体により異なる．水族館の業務には継続性が必要であり，経験豊富な飼育係が熟知した飼育動物を長年取り扱うことが発展の基礎であるから，数年ごとに管理者が変わり，熟練職員の交替や消失など好ましくない人事体制が発生する可能性もあるこの制度は，水族館や動物園のような業種には適合しないように思われる．まったくの新規管理者の採用が少ないのも，こうした状況の反映ではなかろうか．

動物園での状況は，設置者が国 1 園（1%），地方自治体 69 園（80%），民間 16 園（19%）で，水族館に比べて地方自治体がはるかに多く，民間の事業体は園数，率ともに非常に少ない．運営管理者の決定が指定管理者制度に

よるものは26園（38％）で，水族館より少ない．

　水族館の経常経費の収入の部では，入場料収入が非常に重要である．これについても，水族館と動物園では状態が異なる．これは，動物園では経営者が地方自治体である園が多く，そのため入場料は比較的低く，学校生徒（主として中学生以下）は無料の場合も多い．動物園は教育施設でもあるとの認識と，納税者への還元の意図もあるためであろう．2011年度の動物園87園，水族館66館の総入場数は，水族館3100万人，動物園4000万人，合計7100万人で，日本人口の56％にあたる（日本動物園水族館協会，2012）．

　経営上，重要なのは有料入場者数であるが，水族館2620万人，動物園2260万人で水族館のほうが多く，1園館あたりの平均値も水族館42万人，動物園33万人で「水高動低」である（日本動物園水族館協会，2012）．これは水族館のほうが料金設定上，無料対象者の範囲が狭い民営が多いこと，その大規模，中規模館が相当数あるためである．園館の集会では民営側から，公営側の無料入場者の多い点について，受益者負担として，たとえ少なくても徴収してもらいたいとの意見がよく出ていたものである．いくらかでも有料化し，それによる増収分は教育担当者の増員や教育事業に目的化する方法もあるのではないかと思われる．

　入場料の総額は水族館が303億円に対し，動物園が165億円である．動物園は86園中の60園の数値である．入園無料園のほか，大規模民営のほとんどと指定管理者制度のため公表せずとのことで報告資料がない園をあわせて26園ある．実際には，はるかに多額になるはずである．水族館では未報告館の数は比較的少なく，8館であり，その理由は大規模館では複合施設のため配分不可能や非公開のためが多く，指定管理者制度のためは1館にとどまる（日本動物園水族館協会，2012）．

　1園館あたりの入場料の収入平均値は，水族館が5億3000万円に対し，動物園は2億7000万円で水族館の約2分の1である．これは動物園の入場料が低額であることを表している．付帯事業の遊具収入は動物園が6倍も多い．これは，動物園では遊園地併設例が多いためである．付帯事業で重要な売店・食堂などの収入は，水族館が79億7000万円（36館），動物園が42億4000万円（37園），1園館あたりの平均値は水族館が2億2000万円，動物園が1億1000万円で，いずれも水族館が動物園の2倍となっている．動

物園では未報告例が極端に多いが，これは入場料を報告している60館のなかでも，さらに売店・食堂が直営でないための未報告例が多いのが原因と思われ，動物園の経営形態のあらわれであろう．

　筆者の勤めた民営館では，経営者に「売店・食堂の収入を入場料収入と同じくらいにしろ」とハッパをかけられたものである．これを見事に体現しているのが鴨川シーワールドで，2011年では入場料収入10億5000万円に対し，売店・食堂収入12億4000万円で，じつに118%の驚くべき数値を達成している．やればここまでいく，たいへんよい例である．1園館あたりの平均値は，水族館，動物園ともに42%である．100%とまではいかなくとも，目の色を変えて働けば60-80%くらいまではなんとかなるものである．動物園も，少しでも無料入場を有料化し，売店・食堂を直営化し，独立採算制にして，付帯事業の収入増大に努力すれば，利益をあげることができる．

　利益は教育，研究，自然保護などにあてる．あるいは赤字分を税金で補塡している園（大都市園に多い）では，少なくとも補塡分をゼロにする．「水族館屋の余計なおせっかい」としかられるかもしれないが，これができれば立派な社会貢献にもなる．

　閑話休題．いずれにしても水族館としてはよき経営によって，誘客力を高め，利益をあげ，この集積によって付属の水生動物研究所を創設し，運営する．1館でむずかしければ数館が共同して取り組み，この面で先進のアメリカに追いつきたいものである．こうした「お仕事」を達成するためには，然るべき入館者数を得ることが必要であり，その意味では水族館は客商売であり，水商売である．

1.9　社会貢献

　水族館における社会貢献としては，館内外で実施されている教育活動は社会貢献的である．とりわけ無償の各種研修生の受け入れや病院，福祉施設への移動水族館，臨海実習などは社会貢献そのものである．研究面では生物学に寄与する業績は間接的な社会貢献であり，大分マリンパレスのシマアジの繁殖成功は水産養殖業への特記すべき直接的な貢献であった．

　現在の日本の水族館の社会貢献をテーマにした調査はないようなので，沖

縄美ら海水族館の例で，具体的な状況を述べることにする．移動水族館の概要は，①観覧用ガラス水槽付きの活魚車での魚類展示と解説，②小型タッチプールのヒトデ，ナマコなどの棘皮動物の展示と解説，③サメ・エイ類などの液浸・乾燥・プラスティネーション標本（組織置換標本）の展示（触察）と解説，などである．2012 年度の実施記録は沖縄本島内であり，訪問施設は国立ハンセン病療養所 1，病院 4，その他の福祉施設 32，合計 38 カ所で，訪問先での参加人員は総計 14170 人，1 施設あたり平均 443 人であった．病院は国立琉球病院の精神科病棟，国立沖縄病院の筋ジストロフィー病棟，県立南部医療センター・こども医療センター，県立中部病院であり，その他の福祉施設は介護老人保健施設，特別養護老人ホーム，デイサービスセンター，障害者支援施設などである．いずれも非常に好評であり，先方の申し込みにより無償で実施しているが，申し込み数が多く，応じ切れないほどである．

　1975 年に開催された沖縄国際海洋博覧会は沖縄の日本復帰を記念し，沖縄の振興発展を目指して開催された．そのときの海洋生物園が，沖縄美ら海水族館の前身であった．沖縄美ら海水族館は 2002 年 11 月に開館し，以来，年間入場人員は平均 270 万人を獲得し，2003 年度以降，2013 年に至るまで，つねに日本の水族館 66 館の首位を保ってきた．海洋博以来，沖縄県は観光立県を目指し，全県的な産業発展を図ってきた．「沖縄へきたから水族館へ行く」ではなく，「あの水族館へ行くために沖縄へ行こう」となって多くの入場客を得た水族館は，沖縄観光発展の起爆剤となり，牽引車となった．

　海洋博の 1975 年には年間 160 万人だった沖縄への入域観光客数はその後，順調に伸び，2001 年には 450 万人に達したが，県民待望の 500 万人には届かなかった．しかし，2002 年末の沖縄美ら海水族館開館後の 2003 年には 513 万人となり，500 万人を突破したのであった．これは水族館という業種が 1 つの県の発展に寄与貢献しうるというよき実例となった．

　これに関しておもしろいエピソードがあるので紹介する（琉球新報 1989 年 8 月 12 日）．1989 年に来沖したハリソン・プライス氏はディズニーランド構想を具体化，成功させたリゾート分野の第一人者である．氏は沖縄の魅力として 3 点をあげた．①世界的に優れた巨大水槽のある水族館と壮大なトロピカル植物園（熱帯ドリームセンター）を持つ国営沖縄記念公園．これだけ立派なアトラクションはハワイにもない．②スキューバダイビング地域と

しての世界でもっとも優れた海，③美しい海岸景観と沖縄固有の伝統文化と歴史，である．さらに，2000年には入域観光客は480万人となり，やり方次第で，日本の人口の5-6%にあたる600万-800万人も夢ではないと予言した．これは見事に的中しており，2000年には450万人，2003年513万人，2012年590万人に達している．

国営沖縄記念公園事務所の調査によれば，2010年度の水族館が所属する海洋博公園による沖縄県北部地域での観光消費額は873億円であり，県全体の観光消費額3778億円（2009年度）の23.1%にあたる．また，北部地域観光消費額が沖縄県全域におよぼす経済波及効果は1249億円であり，県全域観光消費額が県全域におよぼす同効果5609億円の22.3%にあたり，沖縄県の経済に大きく貢献していると報告している．2010年度の入域観光客は572万人であり，海洋博公園への入園客数（入園無料）は339万人で入域観光客数の59%にあたり，水族館入館客数は272万人で48%である．272万人は入園客数の80%を占めており，これは水族館の入館客が公園利用者の主体をなしていることを示し，これが県北部地域，さらには県全域への経済波及効果の原動力になっている．なお，2011年度の日本動物園水族館協会の調査結果での収入に関する水族館の「入場料収入，範囲」の高値35億2000万円および「売店，食堂など」の同じく高値20億2000万円はいずれも沖縄美ら海水族館であり，これも地域への経済波及効果の源泉になっている．ただし，入場料に対する売店・食堂収入の割合は57.4%で，鴨川シーワールドの118%にはおよぶべくもない．

日本の水族館では展示動物収集用，調査用に船舶を保有している館はほとんどない．沖縄美ら海水族館では19トンの中古活魚船を購入，カツオ捕獲もできるように改造した．この第2黒潮丸は，冬期沖縄に繁殖回遊しているザトウクジラ調査や延縄によるサメ捕獲，所有しているROV（遠隔操作無人探査機）を活用して，無脊椎動物収集や生息動物調査で活躍している．館所在地の本部町はカツオの町として知られていたが，沖縄県内唯一の39トン・カツオ船が乗組員の高齢化によって廃業した．公園管理を担当する沖縄美ら島財団とこれに所属する水族館では本部町，本部漁協と協議して，カツオ漁期中は第2黒潮丸を漁協に無償貸与して，カツオ漁存続に協力している．立地する地元への社会貢献事業の一環である．

以上，水族館の社会貢献例の一端を示したが，日本各地の水族館で，地域と館の実情に沿った形でさまざまな社会貢献が行われており，超高齢化社会を迎えて，今後，ますますその要望が増加すると考えられる．

　沖縄美ら海水族館の開館時に数多くの病院や福祉施設の団体客が訪れたのには非常に驚き，こうした施設では入所者が楽しめる施設を探し求めている状況がよくわかった．このことが，移動水族館実施の契機の1つとなったのであった．身体障害者や高齢者のためのバリアフリーを備えた物理的な施設設備だけではなく，視覚障害者対象の出張触察授業の拡大，手話技術を持った解説員，飼育係の養成による聴覚障害者への教育普及，高齢者ボランティア解説員の育成やその受け入れ促進などが今後の課題として頭に浮かぶ．また，開発途上国の発展にともない，多くの国々の外国人観光客が来日するようになった．イスラム教徒のための礼拝室の設置やイスラム法で規定されているハラール食品の提供なども，今後，水族館に求められるかもしれない．

　沖縄では先進的な旅行エージェントが，こうしたイスラム教徒受け入れ体制をホテル業などとともに構築し，実施し始めている．

第 2 章　哺乳類
―― 鯨類・食肉類・海牛類

荒井一利

2.1　水族館の哺乳類

（1）水生哺乳類

　水生哺乳類は海獣類とも呼ばれ，水域に生息する哺乳類であり，一生を海洋や河川で暮らす鯨類と海牛類，生活のほとんどの部分を水域に依存するが，生活史の一部（繁殖，育児，換毛など）の期間を陸地で過ごす鰭脚類の3つの分類群が含まれ，これらの分類群は高度な水生適応を遂げている（加藤・中村，2012）．これらの分類群以外にも食肉目のホッキョクグマ・ラッコ・カワウソ類などが水生哺乳類に含まれることもある（Rice, 1998；Jefferson et al., 2008）．しかし，歴史的には，ホッキョクグマとカワウソ類は，動物園での展示動物であり，日本動物園水族館協会（以下，JAZA）の種保存事業でも，これらの種は食肉類として扱われ，海獣類には含まれていない．また，2012年12月31日現在，JAZA加盟のホッキョクグマ飼育園館数は，動物園19，水族館2であり，同様に2012年12月31日現在のカワウソ類飼育園館数は，動物園27，水族館17であることより，これらの種は，動物園で展示される傾向が強く，本章には含めないものとした．一方，ラッコはカワウソ類と同じ食肉目イタチ科に属するが，生活のほとんどの部分を水域に依存しており，歴史的にも水族館の展示動物であり，JAZAの種保存事業でも海獣類のカテゴリーに含まれ，2012年12月31日現在，JAZA加盟のラッコ飼育園館数は，動物園2，水族館10であることより，水族館の水生哺乳類に含めるのが妥当と考え，本章に含めるものとした．

（2）飼育種

鯨類

　鯨類は鯨目に属する種の総称であり，大型で口腔内にクジラヒゲを有するヒゲクジラ亜目と，イルカ類や大型種まで多様性に富んだ大小さまざまの種を含み，口腔内に歯を有するハクジラ亜目の2亜目に分かれ，近年絶滅したと考えられているヨウスコウカワイルカを含め，ヒゲクジラ亜目4科6属14種，ハクジラ亜目10科34属72種に分類される（加藤・中村，2012）．世界では，これまでに12科51種，日本では8科30種が飼育されている（Reeves and Mead, 1999；鳥羽山，1990, 2002；表2.1）．2012年12月31日現在，JAZA加盟園館では，バンドウイルカ29園館257頭，カマイルカ21園館112頭，ハナゴンドウ6園館15頭，オキゴンドウ8園館18頭，スナメリ5園館20頭，コビレゴンドウ4園館7頭，シロイルカ4園館21頭，イロワケイルカ2園館7頭，シャチ2園館8頭，ネズミイルカ2園館4頭，ミナミバンドウイルカ1園館6頭，シワハイルカ1園館2頭，ハセイルカ1園館1頭が飼育されている．

鰭脚類

　最新の分類体系では，食肉目のなかの一群であり，イタチ上科やクマ科とともにクマ下目と呼ばれる分類群に属し，現生鰭脚類は，近年絶滅したと考えられているカリブカイモンクアザラシと絶滅した可能性の高いニホンアシカを含め，アシカ科7属16種，セイウチ科1属1種，アザラシ科13属19種，合計3科21属36種で構成され（米澤ほか，2008），これまでに世界では35種，日本では20種が飼育されている（Reeves and Mead, 1999；荒井，2010；表2.1）．2012年12月31日現在，JAZA加盟園館では，ゴマフアザラシ53園館243頭，カリフォルニアアシカ47園館238頭，オタリア20園館75頭，トド14園館54頭，セイウチ9園館29頭，バイカルアザラシ7園館22頭，ゼニガタアザラシ7園館32頭，ミナミアフリカオットセイ4園館19頭，ワモンアザラシ4園館13頭，アゴヒゲアザラシ4園館8頭，ミナミアメリカオットセイ6園館33頭，ハイイロアザラシ3園館17頭，キタオットセイ1園館23頭，クラカケアザラシ1園館1頭，カスピカイアザラシ1

園館 2 頭，ミナミゾウアザラシ 1 園館 1 頭，オーストラリアアシカ 1 園館 1 頭が飼育されている．

ラッコ
食肉目のイタチ科に属し，1 属 1 種で，2012 年 12 月 31 日現在，JAZA 加盟園館では，12 園館 27 頭が飼育されている．

海牛類
独立した海牛目を構成し，マナティー科 1 属 3 種，ジュゴン科 1 属 1 種に分類され（加藤・中村，2012），これまでに世界および日本で全種が飼育されている（Reeves and Mead, 1999；表 2.1）．2012 年 12 月 31 日現在，JAZA 加盟園館では，アメリカマナティー 1 園館 4 頭，アフリカマナティー 1 園館 3 頭，アマゾンマナティー 1 園館 1 頭，ジュゴン 1 園館 1 頭が飼育されている．

（3）飼育の歴史

鯨類
紀元 1 世紀のローマ皇帝クラウディウスの時代に，座礁したシャチを網で仕切った港の中で飼育し，近衛兵に槍で闘わせて，人々の観覧に供した記録が残されている（第 1 章参照；Reeves and Mead, 1999）．1400 年には，フランスのブルゴーニュの公爵が宮殿の池でネズミイルカを飼育したことが知られている（Collet, 1984）．動物園・水族館のような飼育を目的とした施設の例では，1850 年代にデンマークのコペンハーゲン動物園で飼育されたネズミイルカが最初といわれている（鳥羽山，1990；内田，2010）．1861 年にはセント・ローレンス川で捕獲されたベルーガがアメリカのボストンの飼育施設で展示された（Hiatt and Tillis, 1997）．同年にニューヨークのアメリカ博物館でベルーガとバンドウイルカが展示され，この展示は 2 年間継続した記録が残されており，このベルーガはハーネスをつけて物を引く行動を見せたことより，世界で初めてトレーニングされた鯨類と考えられている（Couquiaud, 2005）．同時期にネズミイルカがイギリスのブライトン水族館で数カ月飼育されていて，同水族館では 1916 年に同種の死産が確認され，成功例

表 2.1　海生哺乳類の飼育記録.

鯨目 (Cetacea)	日本飼育種	世界繁殖種	日本繁殖種
ヒゲクジラ亜目 (Mysticeti)			
ナガスクジラ科 (Balaenopteridae)			
ニタリクジラ (*Balaenoptera edeni*)			
ミンククジラ (*B. acutorostrata*)	○		
ザトウクジラ (*Megaptera navaeangliae*)			
コククジラ科 (Eschrichtiidae)			
コククジラ (*Eschrichtius robustus*)			
ハクジラ亜目 (Odontoceti)			
マッコウクジラ科 (Physeteridae)			
マッコウクジラ (*Physeter macrocephalus*)			
コマッコウ科 (Kogiidae)			
コマッコウ (*Kogia breviceps*)	○		
オガワコマッコウ (*K. sima*)	○		
カワイルカ科 (Platanistidae)			
インドカワイルカ (*Platanista gangetica*)	○		
ヨウスコウカワイルカ科 (Lipotidae)			
ヨウスコウカワイルカ (*Lipotes vexillifer*)			
ラプラタカワイルカ科 (Pontoporiidae)			
ラプラタカワイルカ (*Pontoporia blainvillei*)			
アマゾンカワイルカ科 (Iniidae)			
アマゾンカワイルカ (*Inia geoffrensis*)	○	○	
イッカク科 (Monodontidae)			
シロイルカ (*Delphinapterus leucas*)	○	○	○
イッカク (*Monodon monoceros*)			
ネズミイルカ科 (Phocoenidae)			
スナメリ (*Neophocaena phocaenoides*)	○	○	○
ネズミイルカ (*Phocoena phocoena*)	○		
コハリイルカ (*P. spinipinnis*)	○		
イシイルカ (*Phocoenoides dalli*)	○		
マイルカ科 (Delphinidae)			
イロワケイルカ (*Cephalorhynchus commersonii*)	○	○	○
コシャチイルカ (*C. heavisidii*)	○		
セッパリイルカ (*C. hectori*)	○		
マイルカ (*Delphinus delphis*)	○	○	
ハセイルカ (*D. capensis*)	○		
ユメゴンドウ (*Feresa attenuata*)	○		
コビレゴンドウ (*Globicephala macrorhynchus*)	○	○	
ヒレナガゴンドウ (*G. melas*)	○		
ハナゴンドウ (*Grampus griseus*)	○	○	○
サラワクイルカ (*Lagenodelphis hosei*)	○		
タイセイヨウカマイルカ (*Lagenorhynchus acutus*)	○		
ハナジロカマイルカ (*L. albirostris*)			
ハラジロカマイルカ (*L. obscurus*)			
カマイルカ (*L. obliquidens*)	○	○	
セミイルカ (*Lissodelphis borealis*)	○		
シャチ (*Orcinus orca*)	○	○	○
カワゴンドウ (*Orcaella brevirostris*)	○		
カズハゴンドウ (*Peponocephala electra*)	○		
オキゴンドウ (*Pseudorca crassidens*)	○	○	○
コビトイルカ (*Sotalia fluviatilis*)	○		
シナウスイロイルカ (*Sousa chinensis*)			
マダライルカ (*Stenella attenuata*)	○	○	
クリーメンイルカ (*S. clymene*)	○		
スジイルカ (*S. coeruleoalba*)	○		
タイセイヨウマダライルカ (*S. frontalis*)			
ハシナガイルカ (*S. longirostris*)	○		
シワハイルカ (*Steno bredanensis*)	○		
バンドウイルカ (*Tursiops truncatus*)	○	○	○
ミナミバンドウイルカ (*T. aduncus*)	○	○	○
アカボウクジラ科 (Ziphiidae)			
ハッブスオウギハクジラ (*Mesoplodon carlhubbsi*)			
コブハクジラ (*M. densirostris*)	○		
ジェルヴェオウギハクジラ (*M. europaeus*)			
イチョウハクジラ (*M. ginkgodens*)	○		
アカボウクジラ (*Ziphius cavirostris*)	○		

飼育：鯨類（世界 12 科 51 種・日本 8 科 30 種）・海牛類（世界・日本 2 科 4 種）・鰭脚類（世界 3 科 35 種・日本 3 科 20 種）
繁殖：鯨類（世界 4 科 15 種・日本 3 科 8 種）・海牛類（世界・日本 1 科 1 種）・鰭脚類（世界 3 科 26 種・日本 3 科 16 種）．
分類体系および種名は加藤・中村（2012）にしたがい，Reeves and Mead（1999）を改変して世界で飼育例のある種名を記．イチョウハクジラ（*M. ginkgodens*）は現在，再検討中．

	日本飼育種	世界繁殖種	日本繁殖種
海牛目（Sirenia）			
マナティ科（Trichechidae）			
アメリカマナティ（*Trichechus manatus*）	○	○	○
アフリカマナティ（*T. senegalensis*）	○		
アマゾンマナティ（*T. inunguis*）	○		
ジュゴン科（Dugongidae）			
ジュゴン（*Dugong dugon*）	○		
食肉目（Carnivora）			
アシカ科（Otariidae）			
ミナミアフリカオットセイ（*Arctocephalus pusillus*）	○	○	○
ナンキョクオットセイ（*A. gazella*）		○	
アナンキョクオットセイ（*A. tropicalis*）		○	
グアダループオットセイ（*A. townsendi*）		○	
ファンフェルナンデスオットセイ（*A. philippii*）		○	
ニュージーランドオットセイ（*A. forsteri*）		○	
ミナミアメリカオットセイ（*A. australis*）	○	○	○
ガラパゴスオットセイ（*A. galapagoensis*）		○	
キタオットセイ（*Callorhinus ursinus*）	○	○	○
ニホンアシカ（*Zalophus japonicus*）	○	○	○
カリフォルニアアシカ（*Z. californianus*）	○	○	○
ガラパゴスアシカ（*Z. wollebaeki*）		○	
トド（*Eumetopias jubatus*）	○	○	
オーストラリアアシカ（*Neophoca cinerea*）		○	
ニュージーランドアシカ（*Phocarctos hookeri*）		○	
オタリア（*Otaria flavescens*）	○	○	
セイウチ科（Odobenidae）			
セイウチ（*Odobenus rosmarus*）	○	○	
アザラシ科（Phocidae）			
アゴヒゲアザラシ（*Erignathus barbatus*）	○		
ゼニガタアザラシ（*Phoca vitulina*）	○	○	○
ゴマフアザラシ（*Phoca largha*）	○	○	○
ワモンアザラシ（*Pusa hispida*）	○	○	
カスピカイアザラシ（*P. caspica*）	○	○	
バイカルアザラシ（*P. sibirica*）	○	○	
ハイイロアザラシ（*Halicoerus grypus*）	○	○	○
クラカケアザラシ（*Histriophoca fasciata*）	○	○	
タテゴトアザラシ（*Pagophilus groenlandicus*）	○	○	
ズキンアザラシ（*Cystophora cristata*）		○	
チチュウカイモンクアザラシ（*Monachus monachus*）			
ハワイモンクアザラシ（*M. schauinslandi*）			
カリブカイモンクアザラシ（*M. tropicalis*）			
ミナミゾウアザラシ（*Mirounga leonina*）	○	○	○
キタゾウアザラシ（*M. angustirostris*）	○	○	
ウェッデルアザラシ（*Leptonychotes weddellii*）			
カニクイアザラシ（*Lobodon carcinophagus*）			
ヒョウアザラシ（*Hydrurga leptonyx*）			
イタチ科（Mustelidae）			
ラッコ（*Enhydra lutris*）	○	○	○

・ラッコ（世界・日本）.
ラッコ（世界・日本）.
載し，日本の飼育記録および世界と日本における繁殖記録を○で示した．

ではないが，鯨類の初めての飼育下繁殖と考えられている（Defran and Pryor, 1980）．鯨類を専用大型水槽で飼育する近代的飼育法が取り入れられたのは，1938年にアメリカのフロリダに建設されたマリン・スタジオ（のちのマリンランド・オブ・フロリダ）で，ここは鯨類の収集・輸送・飼育・展示・健康管理のパイオニアとなり，1947年には世界で初めてバンドウイルカの飼育下繁殖に成功している（Norris, 1974；Defran and Prior, 1980）．

　日本で初めて鯨類を飼育したのは，静岡県三津にあった中之島水族館（現・伊豆三津シーパラダイス）であり，1930年にバンドウイルカを網で仕切った小さな入江で飼育した（中島ほか，1978）．1934年には，甲子園の阪神パークでカマイルカを飼育していた記録が残されている（小川，1973）．1954年にオープンした江ノ島水族館（現・新江ノ島水族館）が1957年に日本で最初の本格的な鯨類飼育施設として江ノ島マリンランドを創設し，日本で初めてイルカショーを実施している．同じく1957年には，みさき公園自然動物園水族館がオープンし，ここはアメリカのマリン・スタジオをモデルとしており，イルカを飼育するマリン・スタジオが設置されていた（堀ほか，1994；鈴木・西，2010）．

鰭脚類

　17世紀初頭には，ハンターが生け捕りしたセイウチの幼獣を家庭に持ち帰ったことが知られているが（Reeves and Mead, 1999），1608年にノルウェーのベア島で捕獲された雌雄のタイセイヨウセイウチの当歳獣が，イギリスに運ばれた記録が残っている．これが正確な記録として残る世界最古の鰭脚類飼育例である．メスは輸送中に船内で死亡したが，オスはロンドンに到着し宮廷に運ばれ，そこで王侯貴族に供覧された．この個体は3週間後に病死したが，捕獲後10週間生存した．つぎの記録もタイセイヨウセイウチで，1612年に幼獣がオランダで展示されている（Allen, 1880）．その後，しばらくの間飼育記録は途絶えるが，チチュウカイモンクアザラシが1760年にフランスとドイツで飼育された記録が残されている（Maxwell, 1967）．

　江戸時代の見世物興行の史料をひもとくと，1792年に佐賀県で捕獲されたニホンアシカが大阪，京都，江戸の見世物小屋で展示され，曲芸を実施し，人気を博している（朝倉，1977；磯野，2012）．これが日本で最古の鰭脚類

飼育記録である．つぎに1808年，江戸の両国でニホンアシカが展示されたが，二番煎じであったことと，曲芸も前記のものよりは劣っていたのであまり評判にはならなかった（朝倉，1977；磯野，2012）．1833年に愛知県熱田で堤が決壊し海水がたまった新田にアゴヒゲアザラシと思われる個体が迷入後捕獲され，名古屋の見世物小屋で展示され，簡単な曲芸を実施し人気を博している（磯野，2012）．1838年には，神奈川県辻堂で捕獲されたゴマフアザラシと思われる個体が，江戸の両国で展示され評判になった（朝倉，1977；磯野，2012）．

東京都恩賜上野動物園（以下，上野動物園）の前身である山下町博物館（東京都）は1873年に設立されているが，1876年3月の飼養動物表に，北海道で捕獲されたオスのキタオットセイ1頭が含まれている．この個体が，日本で記録が残されている初めて飼育された鰭脚類であり，世界で初めて飼育されたキタオットセイである．その後，上野動物園は1882年に博物館付属動物園として開園し，1898年には種は不明であるがアザラシが搬入され，この個体が日本の動物園・水族館で初めて飼育されたアザラシである．種名が明らかになっているアザラシとしては，1933年または1934年に初めてゴマフアザラシが搬入され，この個体が本種の世界で初めて飼育された個体である．1929年に樺太の海豹島で捕獲されたキタオットセイが5頭搬入され，1934年にはカリフォルニアアシカを2頭購入した記録が残されている（東京都，1982；荒井，2010；小宮，2010）．

1899年に東京・浅草四区に民間の浅草公園水族館が開館し（鈴木，2003；鈴木・西，2010），撮影時期は不明であるが，その正面入口の写真には「大海驢（大アシカ）」「膃肭獣（オットセイ）」の看板が掲げられており，ニホンアシカとキタオットセイを展示していたことが推測される（東京都・東京動物園協会，2009；図2.1）．1900年3月24日の読売新聞には，「3月20日に東京浅草水族館にオットセイが来る」との記事が掲載され，1900年にはこの水族館でキタオットセイが飼育されていたと考えられる．また，鈴木（2003），鈴木・西（2010）は，1901年1月6日に，浅草公園水族館と同じ経営陣により，大阪・難波に日本水族館が開館したとしているが，1900年6月15日の大阪朝日新聞には，「1900年6月15日に大阪・難波で水族館が開館し，オットセイ・アザラシ・トド・アシカが飼育されている」との記事が

図 2.1 浅草公園水族館（上田恭幸氏提供）.

掲載されている．本記事には「海驢」のルビに「ラッコ」と記載されているが，これは「アシカ」の誤記と考えられる．本水族館の正確な開館日は不明であるが，この記事によると，開館時にキタオットセイ・トド・ニホンアシカ・種不明のアザラシ4種の鰭脚類を飼育していたことになり，そのコレクションは，当時としてはかなりレベルが高い．とくにトドは日本での初飼育記録である．この1900年に浅草公園水族館に搬入されたキタオットセイが，日本の動物園・水族館での本格的な鰭脚類飼育展示の開始であり，続いての飼育例が，日本水族館における4種の鰭脚類と考えられる．

1897年に神戸市で開かれた第2回水産博覧会第2会場の和田岬につくられた和田岬水族館は，博覧会終了後の1902年に神戸市の湊川神社境内に移設され，「楠公さんの水族館」と呼ばれ8年間存続した（鈴木・西，2010）．この水族館は，神戸市楠社内水族館とも呼ばれ，1902年5月26日の神戸又新日報には，「4，5日前より朝鮮産アシカが顔を見せている」との記事が掲載され，ニホンアシカが展示されていたと考えられる．

1903年には，第5回内国勧業博覧会の付属設備として大阪府堺市に建設

された堺水族館でニホンアシカとキタオットセイが展示され，同じく1903年に京都市動物園の前身である京都市紀念動物園が開園しニホンアシカが展示され，その後，各地にオープンする主要動物園を中心に鰭脚類の展示が行われるようになった（井上・中村，1995；京都市動物園，2003）．

ラッコ

ラッコの飼育は，1932-1940年にロシアにおいて行われた研究プロジェクトによって進められ，飼育に関する基礎事項が確認されたのが初めての試みである．その後，1950年代の初期に，アラスカにおいて本格的な捕獲・輸送・移植・飼育の試みが実施されていった（中島，1990；Tuomi，2001）．1954年にアリューシャン列島で捕獲された3頭が，アメリカのシアトルのウッドランドパーク動物園を経由し，ワシントンの国立動物園に移動された．これらの3頭が動物園・水族館で初めて飼育された個体であるが，いずれも短期間で死亡している．その後，1955年にアリューシャン列島で捕獲された雌雄が，ウッドランドパーク動物園で飼育され，このうちメスは約6年間生存した．この個体が初めて比較的長期間，飼育下で生存した個体といえるであろう（Crandall，1964）．

日本では，伊豆三津シーパラダイスが1982年に初めてオス個体を搬入し，それ以降，ラッコブームとなり，繁殖も園館によっては順調に進み，一時は20園館，90頭以上が飼育されていた（中島，1990）．

海牛類

アメリカマナティーは，1875年にアメリカのフィラデルフィア動物園とイギリスのブライトン水族館で飼育が開始され，その後，1903年にアメリカのニューヨーク水族館でも飼育されている．アマゾンマナティーは，1912年にドイツのハンブルグ動物園で飼育され，12.5年生存した．アフリカマナティーは，1950年にベルギーのアントワープ動物園で飼育が行われている（Crandall，1964；Bossart，2001）．ジュゴンは，フィリピンのパラウ諸島で捕獲された個体が，1955年にアメリカのスタインハルト水族館で飼育されたが，45日間で死亡している（Crandall，1964；内田ほか，1978；若井，1995）．これらが，世界で初めて飼育された記録である．

日本では，よみうりランド海水水族館で1968年に東京農業大学南米動物調査隊が捕獲したアメリカマナティー2頭の飼育を開始し，1969年にアマゾンマナティーが同水族館に2頭，熱川バナナ・ワニ園に1頭搬入されている（神谷ほか，1979；宮原，1995）．アフリカマナティーは，1996年より鳥羽水族館で雌雄が飼育されている（浅野，2010）．ジュゴンは，1968年に大分マリンパレス（現・大分マリーンパレス水族館「うみたまご」）で17日間飼育されたのが初記録で，1975年に国営沖縄記念公園水族館（現・沖縄美ら海水族館）でメス2頭がそれぞれ22，23日間飼育されている．その後，鳥羽水族館では1977年，1979年，1986年に3頭をフィリピンから搬入し，1979年に搬入したオスおよび1986年に搬入したメスは長期飼育に成功している（内田ほか，1978；若井，1995）．

2.2 飼育・展示

鴨川シーワールドの初代館長である故・鳥羽山照夫博士は，日本における海獣類の飼育・調教・展示の基礎を築き，その発展に尽力した方であるが，海獣類の「飼育」を，①収集，②選別，③蓄養，④環境整備，⑤輸送，⑥馴致，⑦保健医療，⑧育成，⑨繁殖，⑩寿命，の10項目に分類した．すなわち「飼育」とは，①動物を収集し，②希望する年齢と性別の個体を選別し，③蓄養を開始し，その間に，④収容施設の環境整備と搬入準備をし，⑤輸送して施設に搬入し，⑥馴致をして，⑦保健に留意し，病気になった場合は医療にゆだね，⑧健全に育成して性成熟に達した後は，⑨順調に繁殖をさせて子孫を残し，⑩寿命を全うするまで長期飼育をすることである，と整理した．そして，飼育の要点は，①水，②種，③餌料，④管理，とし，①その個体にあった飼育環境を整備し，②飼育の目的にあった個体を選別収集し，③長期安定供給が可能で安価で良質な餌料を調達し，④適切な健康管理を行う，こととした（荒井，2010；図2.2）．

ここでは，鳥羽山博士が整理した事項を中心に，海獣類の飼育・展示に関する基本事項について述べる．

図 2.2　鴨川シーワールド初代館長の故・鳥羽山照夫博士.

（1）飼育環境

　飼育施設は動物の生理，心理，行動などをよく考慮した構造でなくてはならない．メインとなる展示施設と予備施設や繁殖用施設，治療用・検疫用施設などの付属施設で構成され，付属施設は一般入園者が立ち入ることができないバックエリアにある場合が多い．これらの施設は連結した位置にあり，動物が容易に移動できることが望ましい（Joseph and Antrim, 2010）．入江や湾の一部を仕切り海面を利用する施設も見られるが，飼育管理および施設管理上の観点から，最近では陸上に建設する人工施設が多くなっている．

　展示を構成する要素でもっとも重要なものは，展示生物自体とそれを引き立たせる空間の演出であり，適正な飼育環境下で健全に育成された個体を展示することが最低条件である．したがって，それぞれの種に応じた施設と環境の整備が展示空間の基本である．どのような展示方式を採用しても，動物の形態・行動・生態を余すことなく紹介できることが理想であるので，設備を含めた施設や環境をより充実させる必要がある（荒井，2006）．

図 2.3 鰭脚類の環境再現型展示（鴨川シーワールド）．

　展示施設は，近年では動物の生息環境を再現し，動物を生息地の景観とともに展示する環境再現型展示が進められている（図 2.3）．擬岩や擬氷などの人工造形やアクリルパネルの大型化や接合方法，水処理設備の改良などの技術の進歩に応じて，より自然に近い展示が可能となり，新たに建設される施設では多く見られるようになっている．また，動物福祉の観点より飼育動物の物理的，社会的環境を変化させることによって，自然環境と同様にさまざまな行動を本来の時間配分で行うことができるよう，飼育環境を豊かにする環境エンリッチメントや行動エンリッチメントの考えも，以前にも増して重要視され，これを導入した行動学的展示によって，飼育管理上の問題点の改善のみならず，教育上の効果もあげている（荒井，2006）．ただし，展示効果を高めるために設置された擬岩が空間を圧迫し，鯨類の遊泳行動を阻害する例も見受けられるので，注意が必要である．

　鯨類・海牛類はつねに水中で生活をし，ラッコも1日のほとんどを水中で過ごし，鰭脚類は換毛期を除き日中のほとんどを水中で過ごすので，展示上は水中観覧設備が有効であり，近年のアクリルパネル施工技術の向上により，質の高い水中展示が可能になっている．これは健康管理上の観察にも役立ち，

図 2.4 水中観覧設備により観察可能なシャチの授乳行動（鴨川シーワールド）．

動物にとっても視野が広がることにより，環境エンリッチメント上の効果も高めることができる．とくに鯨類の繁殖施設では，授乳状態や新生児の発育などを日々，詳細に観察できる水中観覧設備は必須である（図 2.4）．付属施設は，スペースや予算，使用可能水量が許すのであれば，可能な限り多くの施設が付属されていることが望ましく，とくに鯨類飼育施設では，可動式浮上床と呼ばれる昇降型プール底を設置した治療用プールがあると便利である．鯨類・海牛類飼育施設では，複数のプールは水門によって結合し，動物が簡単に移動できる構造とし，それぞれのプールが独立して短時間に排水と送水ができるようにするのが理想である（内田，2010；Joseph and Antrim, 2010）．

施設は，動物の自由な行動を阻害せず，衛生面にも配慮した安全でかつ良好な健康を維持できるサイズと構造にし，プール・陸上部の床および壁の表面は，防水性に富み，強固で摩耗せず，物理的，化学的耐性が強い材質とし，塗装する場合は，防水面も含め容易に剥離しないように施工上配慮する必要がある．材質としては，海水による腐食に強い FRP や塩化ビニル樹脂，

SUS316ステンレス鋼も多く使用されている．剝離したペンキ片や錆びた金属片，壊れた擬岩などは，異物誤飲の原因ともなるので注意が必要である（荒井，2006）．

　水中観覧用や屋内展示施設に使用するガラスの材質は，現在では，強化ガラスに代わりアクリルパネルが主流であるが，アクリルパネルは強度があっても傷つきやすい難点がある．鰭脚類の幼獣やセイウチを展示する場合，歯牙による傷がつきやすく，イルカ類でも壊れた擬岩片や外部から混入した石などをくわえてガラスをこすり，傷をつけることがあるので，ガラスの材質については検討が必要である．ラッコの展示施設でラッコが貝を割る行動を展示する場合，ガラス面で直接貝を割ることがあるので，アクリルパネルは不向きである．

　飼育管理上は，水温や水質が適正範囲内であれば問題はないが，展示上では飼育水の透明度の維持がもっとも重要であり，つねに注意するよう心がけたい．水処理システムとしては，排泄物を除去し微生物や植物の増殖を防ぎ，透明度を維持するために，新鮮水を大量に常時補給する開放式がもっとも自然である．しかし，新鮮水の利用には立地条件や新鮮水自体の濁度問題などがあるため，濾過槽を使用する閉鎖循環方式か，あるいは新鮮水の補給と濾過循環を併用する方式が用いられているのが一般的である．濾過槽には重力式と圧力式があり，現在は圧力式が一般的であるが，いずれを採用するかについては，スペース，水量，コストなどを十分に検討したうえで，その施設にもっとも適した型式を選択すべきであろう（Boness, 1996 ; Arkush, 2001）．

（2）餌料

餌料種

　自然界における鯨類・鰭脚類の食性は，軟体動物，甲殻類，魚類，海鳥や海生哺乳類など多岐にわたっている．飼育下で与える餌料種は，サバ類，アジ類，ホッケ類，イワシ類，イカナゴ類，トビウオ類，キュウリウオ類，サケ・マス類，タラ類，マグロ類，カマス類，クロムツ，ブリ，シイラ，コノシロ，キビナゴ，ニシン，カラフトシシャモ，イカ類，エビ類，貝類などであり，栄養のバランスを考慮し，単一餌料ではなく，混合して与えることが望ましい．

自然界におけるラッコの食性は，貝類，甲殻類，魚類，ウニ類で，飼育下の餌料種は，イカ類，貝類，甲殻類，シマガツオ，タラ類，サケ類，イカナゴなどである（古田，1995）．

海牛類は草食動物で，マナティー類は，生息域に繁茂する水生植物のホテイアオイ，ウォーターレタス，マツモ，クロモ，イネ科の水草類，マングローブ，緑藻類などを摂食し，飼育下では，キャベツ，レタス，白菜，パセリ，ホウレン草，セロリーなどの野菜類，イタリアンライグラスやクローバーなどの牧草類，スライスしたリンゴ，サツマイモ，ニンジンなどの陸上植物を与えている（園田，1995）．一方，ジュゴンの主食は浅海の砂海域に繁茂する顕花植物である．生息海域によって異なるが，アマモ類，ウミジグサ類，ベニアマモ類，ウミヒルモ類，リュウキュウスガモ類などで，飼育下でも海産の顕花植物を主餌料とし，アマモ類が中心である（若井，1995）．

入手と保管

海牛類を除く種類の主要餌料である魚介類については，信頼のできる供給先と密接な連絡をとり，良質な餌料の適正価格での安定確保に努めなければならない．可能であれば，年間を通じての一定価格とおおよその使用量を供給先との間で定めておくことが得策である．餌料は人間が消費可能なレベルのものを使用するのが基本であり，変更に際しては，必ず見本を取り寄せ，鮮度，胃内容物，脂肪量，サイズ，冷凍期間，漁獲地，ストック量などを事前にチェックしなければならない．急速冷凍され，乾燥を防ぐための梱包が施され，$-20℃$~$-30℃$の温度で貯蔵されたものであり，漁獲後6カ月以内のものが望ましい．また，サバやニシン類などの高脂肪魚は，より短い貯蔵期間とするべきである．

解凍場所，解凍後の保管場所および使用器具はつねに清潔に保ち，4-8℃の室温下での自然解凍あるいは25%海水による解凍が，餌料に含まれる水分と塩分のバランスを維持するために最適である．しかしながら，設備や作業場の制約により，飲料水として適した淡水の流水解凍をする場合は，水分の増加と塩分の滲出が生じていることを念頭に置かなければならない．

解凍された餌料は，できるだけ速やかに給餌をすることが望ましいが，作業上の都合により保管する場合は，冷蔵庫で保管するか，水を張り容器の表

面を氷で覆い氷蔵し,餌料の品質の低下を最小限にとどめるようにし,解凍後12時間以上を経過したものの使用は控えなければならない.冷蔵庫および解凍,調餌,給餌,保管に使用する場所や器具は,十分に清掃と消毒が施され,つねに清潔であることが必要である（荒井,1995）.

海牛類のマナティーの場合は,野菜や陸上植物が主体なので,入手や保管に大きな問題は生じないが,ジュゴンの場合は水中顕花植物が主要餌料のため,特別な入手ルートを開発し,冷蔵庫などで適正に保管する必要がある.

給餌

動物を飼育するうえで,その個体の状態を把握するためには,その個体の無刺激時における一般行動を観察することがもっとも重要である.しかし,給餌セッションでの反応や食欲,行動などを観察することも同様に重要であり,動物がもっとも飼育係員に接近するときなので,係員はたんにエネルギー源を供給するだけでなく,この瞬間に栄養状態,体表,眼つきなどの細かな情報を可能な限り収集するよう努力をしなければならない.一般に,飼育環境の変化や動物の社会的な変化など,心理面への影響や繁殖期などの生態的な理由以外の食欲の低下は,なんらかの疾患の可能性を否定できないので,早急な対応が必要である.また,これらの事象を詳細に記録することも,飼育管理上重要である.

給餌方法は,個体別給餌と自由採食方式の2つに大別される.個体別給餌とは個体ごとに係員が直接餌料を与える方法で,手元給餌と遠隔からの投餌による給餌の2方法がある.手元給餌は動物からの情報をより多く得られ,また,係員の存在に対し,逃避あるいは攻撃行動をとらずに,逆に接近する状態をもって馴致していくことにより,動物と係員との信頼関係を維持できる方法である.搬入当初や餌付けの初期段階など,馴致が不完全な状態では投餌が中心になるが,馴致の進行にともない手元給餌に移行するのが基本である.ただしこの手元給餌は,動物と飼育係員との距離が近く,その個体の攻撃半径内での作業なので動物からの攻撃を受ける危険が増すため,安全上の注意が必要である.とくに陸上で給餌をする鰭脚類の場合は,係員の安全確保が最優先事項である.

自由採食方式とは,一定量の餌料をプールに投入する方法で,とくに多数

の個体を同一施設に収容している場合や，施設の構造などの理由で個体別給餌が困難な場合に行われることが多く，作業効率上および係員の事故防止上利点があるが，適正な飼育管理を行ううえでは問題があるため，個体ごとの摂餌量の把握と調整，削痩や肥満のチェック，残餌の回収，飼育水の水質維持などにとくに留意する必要がある．

また，園館によっては入園客を対象とした給餌体験を行っているところがあり，動物との距離が接近し，動物を知るうえではより効果的な展示方法の1つであるが，当該個体の飼育管理上は注意が必要である．そのうえで不特定多数の人が給餌に参加することから，事故防止や衛生管理上の問題を事前に防止するために，専門の係員の常駐配備が望ましい．

（3）健康管理

海獣類の飼育展示をするうえで，重要な第3のポイントは，予防医療である．予防医療の要諦は，動物の異常を早期に発見し，早期に対応することである．野生動物は体調異常を隠す傾向があり，異常の発見は，経験豊かな係員や獣医師の感覚に負うところが多い．血液検査や超音波検査などの諸検査を定期的かつ頻繁に実施することは，疾病の発見率を高め，近年では，トレーニング手法により，毎日，体温測定を実施し，その値により治療を開始することも少なくない（図2.5）．血液や病原菌，糞便や尿などの各種サンプリングもトレーニング手法により容易に行えるようになり，これらの技術発展も，疾病の早期発見，治療につながっており，今後はますます飼育下の生存率は高くなる傾向になるであろう．トレーニング技術や医療器具，検査方法の発展により異常発見の精度は高まり，全体として飼育技術の向上が認められる一方，飼育担当者の観察眼や職人的な勘も重要であるのはいうまでもないことである．

ここで，鯨類の臨床獣医学の第一人者であるアメリカ・シーワールドのマクベイン獣医師の一文（抜粋）を紹介し，獣医師だけではなく，海獣類の飼育に携わる者の教訓としたい（McBain, 2001）．

> だれもがイルカの行動変化を病気のためとは思いたくないものである．しかし，なにか問題があると思ったならば，なんらかの対応をしなけれ

図 2.5 トレーニング手法（受診動作訓練）を用いたバンドウイルカの体温測定（鴨川シーワールド）.

ばならない．問題があることがわかったときは，おそらく，手遅れかもしれない．答えを探し始めるのは，まさに今日なのである．イルカが病気だという臨床的な証拠が出たならば，だれもが重症だとは思いたくないものである．しかし，状態が悪いのならば，まず，まちがいなく悪いのだ．鯨類の場合，病名が特定できないときは，それがわかるまでは肺炎と考えてよいだろう．イルカやクジラが病気だとわかったならば，なにかをしなければならないのかどうかを論議するのではなく，なにをすべきかを決定しなければならない．これらが鯨類の医療を実際に行ううえで，注意しなければならないワナである．

　人はわからないものをわからないとはいわず，楽観的に考えるものであり，獣医師も例外ではない．人は幸せでいたいし，人を幸せにしたいから，人はいつも物事をよいほうに考えたいものなのである．ほとんどの人はよくわからないことはそのままにしておきたいものである．物が

故障しているかどうかわからない場合も，同様に放っておくはずである．たとえば，パソコンが反応しなくなったとき，人は一度シャットダウンして再起動させるだろう．そして，復帰したならば，人は安心するだけでなんの対応もせず，将来同じことをまた繰り返すものである．人はこのように楽天的であり，わからないことや都合の悪いことは，放っておく傾向があり，その結果，多くの鯨類が死亡するのである．

　獣医師が治療を行うのは義務である．開業医ならば，動物のオーナーにとってもっとも都合のよいことを動物にすればよい．餌に薬をつめてイルカに経口投与するのは簡単であるが，その状況にとって最良の投薬は，注射でなければ投与できない場合もある．しかし，動物に毎日，注射をするためには，群れから取り上げなければならず，そのことは，食欲やその他の行動に影響を与えるかもしれない．対応策はつねに動物の状況にあわせて決めなければならない．

　多くの動物は，病気を隠すものだということを認識しなければならない．これは，イルカやクジラでも同様であり，このことをわかっているのにもかかわらず，多くの獣医師たちは，摂餌不振に対しとくに問題ないと説明する．摂餌不振の原因は，たしかに，その個体の生命をおびやかすものではないかもしれない．しかし，多くの鯨類担当獣医師は，摂餌不振の原因はそれほど問題になるものとは考えていなかったにもかかわらず，突然，その個体が死亡することがあることを知っている．摂餌不振は，鯨類担当獣医師に示された，死亡につながるもっとも重要なサインの1つである．トレーナーの判断には，小さなまちがいがあったかもしれない．しかし，獣医師にとっては，敗血症の急激な発症を示す重要なサインだったかもしれないのである．

　「この個体は，今日は食欲がないが，明日まで様子を見たい」という獣医師の発言を耳にすることがある．この発言は正しいかもしれない．ところが，この発言は「この個体は，今日は摂餌不振だが，まだ，生きている．明日も生きているかどうか，明日，確認しましょう」といっているのと同じである．

　病気のサインを隠す動物にとっては，病気のサインをなんとか見つけ出すことが重要で，イルカやクジラに関する経験が浅い臨床医が，この

おろかな過ちに陥らないようにしなければならない．動物が病気かもしれないと思ったならば，なにか対応をしなければならない．そして，病気だとわかったときは，すでに手遅れかもしれない．

（4）収集

日本近海には，現在，絶滅したと考えられるニホンアシカを除くと，鯨類39種，鰭脚類6種，ラッコ，ジュゴンが生息しており（加藤・中村，2012），それらを捕獲し搬入するうえでは，以下の法令などの国内規制を受けている．

鯨類

日本では国際捕鯨委員会（IWC）の管轄外の小型鯨類を対象とした，小型捕鯨業とイルカ漁業が，それぞれ農林水産大臣許可，県知事許可として操業されているが，水産庁が資源量などを考慮して漁獲枠を設置し行政指導を行っている．イルカ漁業は，追い込み漁業と突棒漁業に分類され，前者は，漁船団が鯨群を湾内に誘導し捕獲するもので，和歌山県と静岡県に許可を与えており，現在，バンドウイルカやカマイルカなど7種が捕獲対象となり，水族館などが飼育展示用に利用している．

一方，鯨類は海岸に座礁したり，定置網などで混獲されることがあり，これらの個体の捕獲に関しては，「水産資源保護法」により定められた水産庁長官通知「指定漁業の許可及び取締り等に関する省令の一部を改正する省令の施行に伴う鯨類（いるか等小型鯨類を含む）の捕獲・混獲等の取扱いについて」（2001年通知，2004年改正）により規制され，学術目的に限り許可されており，「混獲又は座礁等した鯨類の学術目的所持の届出書」の提出が義務づけられている．スナメリについては，「水産資源保護法」により捕獲が禁止されており，シャチなど9種については，生存個体の捕獲が禁止されているので留意が必要である．

鰭脚類・ラッコ・ジュゴン

日本近海に生息するアザラシ5種は，「鳥獣の保護及び狩猟の適正化に関する法律（鳥獣法）」により捕獲が禁止されている．トドは本法の適用対象から除外されており，「漁業法」により有害駆除を対象とした「採捕上限」

が規制されているだけで，実質的な捕獲規制はない．キタオットセイとラッコも「鳥獣法」の対象種ではないが，「臘虎膃肭獣（ラッコオットセイ）猟獲取締法」により捕獲が禁止されている．ジュゴンは，「水産資源保護法」「文化財保護法」および「鳥獣法」により捕獲が禁止されている．座礁したり定置網などで混獲された個体を搬入する場合は，地元の行政機関などとの協議が必要である．

国際規制

「絶滅のおそれのある野生動植物の種の国際取引に関する条約（ワシントン条約 CITES）」は，絶滅のおそれのある野生動植物について，それらの国際取引の規制を通じて保護管理を図ることを目的としており，規制する必要がある種を条約附属書に掲載している．附属書は，絶滅危惧の度合が高いものより順にⅠ，Ⅱ，Ⅲのカテゴリーに分類し，鯨類は全種が附属書Ⅰまたは Ⅱ，鰭脚類では，ミナミオットセイ類全種がⅠまたはⅡ，モンクアザラシ類がⅠ，ミナミゾウアザラシがⅡに掲載されている．海牛類は全種がⅠまたはⅡ，カリフォルニアラッコがⅡ，セイウチがⅢに分類されている．

本条約にもとづき制定された国内法である「種の保存法（絶滅のおそれのある野生動植物の譲渡等の規制に関する法律）」では，附属書Ⅰ掲載種を「国際希少野生動植物種」に指定し，捕獲だけではなく，譲渡や移動も規制しているので留意が必要である．その他の国際条約としては，南極に生息する鰭脚類の捕獲などを規制した「南極のあざらしの保存に関する条約」が知られている．海外との輸出入に関しては，国際条約はもとより当該国の国内法も重要で，アメリカの「海生哺乳類保護法」のように海獣類の輸出入を規制している国もあるので，注意が必要である．

（5）輸送

鯨類と海牛類の輸送方法は，基本的にはタンカに載せてコンテナに収容しコンテナごと輸送する方法である．コンテナ内に海水や淡水を入れ，体半分が水に浸かった状態で，水より露出した部分が乾燥しないように水をかけながら輸送する．国内輸送ではトラックを使用するのが一般的であるが，近年，砂利運搬船の船倉に水を張り，シャチを泳がせながら輸送する方法も行われ

ている．航空機を使用して輸送する場合は，航空機内の電気システムの腐食を避けるために，水の使用が制限されることが多い．短距離の輸送の場合は，トラックの荷台にマットレスなどを敷いて腹臥姿勢で直接載せて輸送することもある．

鰭脚類とラッコは，輸送用のオリに収容し輸送する．個体によっては興奮し，急激に体温が上昇し死亡することもあるので，輸送前に精神安定剤を投与したり，餌や氷を与えたり，体表に水をかけ落ち着いた状態を維持しながら輸送する．とくにラッコは注意が必要で，放熱ができるように後肢に水をかけ，給餌や摂氷を通し落ち着かせ，乾燥きれいな毛皮が維持できるように，糞尿などで毛皮が汚れた場合は，噴霧器による散水で洗浄し輸送をする．

（6）繁殖

これまでに世界では鯨類15種，鰭脚類26種，海牛類1種およびラッコで飼育下での繁殖が確認され，日本では，それぞれ8種，16種，1種およびラッコで繁殖に成功している（表2.1）．JAZAが実施している血統登録種のうち，主要種の飼育下繁殖個体の割合は，2014年12月31日現在，バンドウイルカ13.9％，カマイルカ6.7％，ゴマフアザラシ58.8％，カリフォルニアアシカ92.8％，トド85.4％である．

飼育下繁殖を推進するうえで重要事項は，①繁殖計画，②繁殖環境，③妊娠診断，④出産対応，⑤新生児育成，である．

繁殖計画

海獣類の繁殖を推進するためには，当該種に対する生物学的知見をよく掌握し，とくに繁殖生理や生態についての知識を十分に有する必要があり，それらにのっとり，短期・中長期の計画を策定する．中長期計画では，個体群管理プログラムを導入し，適正な血統管理下での計画を策定する必要がある．

繁殖環境

いかなる繁殖計画を策定するにせよ，最重要事項は，性成熟に達した雌雄の個体を所有していることであり，出産・育児成績のよい経産メスとその個体と相性のよい，繁殖実績のあるオスの存在は不可欠であり，搬入当初から

繁殖目的の個体を導入する場合もあるが，通常は長期飼育をした個体間での繁殖が理想である．これらの個体を複数個体所有し，繁殖計画の下で的確な繁殖管理をしながら，継続的な繁殖体制を確立することが理想である．近親交配を避けるための血統管理や飼育スペースなど，運営上の諸事情により，繁殖制限をすることは当然のことであるが，長期にわたる制限により，繁殖が停止してしまうこともあるので，他園館との協力体制を構築し，できるだけ制限をせずに良好な繁殖体制を維持することが大切である．日本における鯨類の繁殖率と新生児の生存率はアメリカに比べ，きわめて低く，繁殖環境をいかに整備し，良好な環境を維持するかが今後の課題である．

　繁殖施設は，飼育に適した諸条件を有しているのは当然のことであるが，可能であれば分娩や育児にも適した機能を有する繁殖用施設であることが望ましく，とくに鯨類や海牛類の場合は，水中観察用の窓が設置されていることが理想である．繁殖用施設がない場合は，既存の施設の中でもっとも分娩や育児に適した施設を選択することになるが，鯨類の場合，ショーなどの重要施設である場合が多く，その場合は営業上の支障を考慮する必要がある．

妊娠診断

　きわめて初歩的なことではあるが，交尾の確認は妊娠診断の重要なファクターの１つであり，海獣類の場合，メスの発情行動とそれにともなう交尾は，妊娠の可能性を示唆する大きな要素である．しかし，ラッコは特定の繁殖期がなく，交尾も頻繁に観察されるので，交尾を確認したとしても妊娠していないケースは多い．近年では，受診動作訓練が発達し，鯨類の妊娠診断は，血中プロゲステロン濃度によるものが主流で，超音波画像診断により胎児の確認をするケースも増えており（図 2.6），より確実な早期妊娠診断が可能となっている．

　受診動作訓練が鯨類ほど発達していない鰭脚類の妊娠診断は，腹部変化や胎動の観察が主流である．血液検査や画像診断によって妊娠診断をしたとしても，受精卵が着床せずに 4-6 カ月間発育が中止する「着床遅延」と呼ばれる特有の現象があるので，妊娠診断は鯨類より遅くなる（勝俣，2010）．

　定期的に体重測定を実施し体重の増減がさほど大きくない個体の場合は，急激な体重増加も妊娠診断の参考となり，ラッコの場合は妊娠診断上，重要

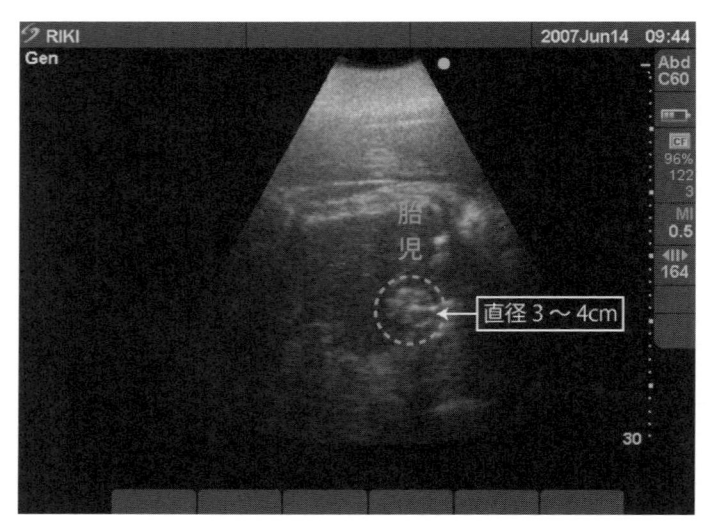

図 2.6　シャチ胎児の超音波画像（妊娠 2 カ月）．

なファクターになっている．海牛類は，血液検査や超音波画像診断が利用されているが，いまだ発展途上の技術である（宮原，1995，2010）．

出産対応

　妊娠が確定，あるいはその可能性が示唆された場合，もっとも重要なことは，飼育責任者から末端の係員に至るまで共通認識を持ち，覚悟をし，期待を持つことである．それにより，出産と育児に向けて母獣の管理や環境整備などさまざまなことを想定し，対応策を検討する．交尾確認日や血中プロゲステロン濃度上昇日などと当該個体や他個体の過去の実績，あるいはそのデータがない場合は，単純に文献などからのその種の妊娠期間よりおおよその出産日を推定し，諸準備を段階的に進める．受診動作により体温測定が可能な鯨類の場合は，出産数日前より体温が低下することが多いので，出産日の特定が容易である（阿久根，2008；勝俣，2008；北村，2008）．

　破水や胎児の一部が確認されてからは，出産が開始したとの認識の下で，子が誕生した後の事故防止対策を速やかに終了し，突発事故への対応以外は極力静かに見守ることが大切で，営業時間中の場合は，入園客対策も必要で

ある.アシカ類の場合は出産予定場所付近に上陸し,神経質になり鳴く行動が増え,他個体を近づけないことが多くなるので,この行動を確認後,出産準備体制に入る.アザラシやセイウチは,出産兆候を確認できないまま,破水することが多く,受診動作で体温測定が可能なセイウチでは,体温が低下しないことが知られている.ラッコも出産兆候をとらえることが困難である.

新生児育成

海獣類の繁殖に際し,前記の各事項が完璧であっても新生児が育成しなければ,その繁殖プログラムは失敗である.バンドウイルカの新生児が死亡する場合は,1カ月以内が多く,ほとんどが授乳不良か事故死である.出産から初期育成は,母獣にまかせざるをえないが,人工哺乳も視野に入れ,準備を怠ってはならない.人工哺乳は,授乳期間の短いアザラシ類では,比較的成功率は高いが,鯨類ではいまだ開発途上の技術である.イルカやシャチの新生児は生後3-6カ月ごろより摂餌し始め,独立するまでは3年を要す.アザラシ類は種類によって異なるが,授乳期間は約1カ月で離乳後摂餌を開始する.トドやカリフォルニアアシカの授乳期間は1年間で,餌は生後6カ月ごろより食べ始める.ラッコの授乳期間は6カ月続き,生後1カ月ごろより摂餌を開始する.マナティーの授乳は12-18カ月続き,生後6カ月で摂餌を開始する.

いずれにせよ,新生児の摂餌が安定し,離乳をして精神的にも母獣から独立した段階で繁殖計画が完了する.それまでは息の抜けないプログラムであり,繁殖計画を完遂することは容易ではなく,相応の努力を必要とするが,この間に学んだことは,まさに飼育担当者ならではのものである.

人工授精

2001年に香港のオーシャンパークで人工授精によるミナミバンドウイルカの新生児が世界で初めて誕生して以来,バンドウイルカ・シャチ・カマイルカ・ベルーガで人工授精による子どもが誕生している.日本でも,2003年に鴨川シーワールドでバンドウイルカの人工授精による繁殖に成功している(図2.7).同じく2003年にアメリカで人工授精により誕生したカマイルカの子どもは,鴨川シーワールドで飼育されていた個体より採取し,凍結保

図 2.7 バンドウイルカの人工授精（鴨川シーワールド）.

存をしていた精子を用いている．さらに 2005 年にはバンドウイルカで，X 精子と Y 精子を分離して人工授精を行い，XX 染色体を有するメスの子どもが誕生している（吉岡，2006；O'Brien and Robeck, 2010）．

これらの技術を用いれば，危険をともなう動物自体の移動をせずに，凍結精子の移動だけで血統管理が簡単に行え，かつ，希望する性別の個体を得ることができ，今後は鯨類の入手をするうえできわめて有効な手法となるであろう．O'Brien and Robeck（2010）は，鯨類の人工授精に関する総説の中で，飼育下の動物は，種の保存をするうえで必要な基礎繁殖生物学に対する理解を増すためには貴重な存在であり，繁殖に関する研究は，飼育下での遺伝学的管理に役立ち，そのために繁殖技術を発展させることが大切であるが，それらの技術は野生における種の保存に応用できるとしている．実際に活用するまでには，何段階もの過程が必要ではあるが，将来的には，絶滅に瀕する種の保護にも応用可能な手法である．

（7）調教（トレーニング）

鳥羽山博士によると飼育は収集からスタートし，捕獲現場での蓄養も重要

であるが，実質的な飼育は，輸送を経て施設に搬入した時点からのものが多い．搬入した時点からの一定期間を，最近では「検疫」と呼ぶことが多く，これは，感染症の侵入を予防する病理検査の意味である．この初期飼育段階にはそのような防疫上の目的もあるが，この段階から実質的な飼育が始まり，この期間に行う行為を「馴致」と呼ぶ．馴致とは，ヘディガー（1983）によれば，野生動物が人間の存在下で逃走する傾向を減らすことで，飼育係が接近してもそれを嫌って逃げなくすることであり，「餌付け」「人付け」「環境付け」の3要素によって構成されるトレーニングの初期過程である．

搬入された個体は，しかるべき施設に収容される．搬入された個体の健康状態をチェックすると同時に，「餌付け」という重要な初期過程を完遂することを目的としている．食物の摂取は，代謝に必要な物質を供給するという生命の維持に対する生理的側面だけではなく，心理的な安定も意味する．いいかえると，動物が安定して餌を食べるということは，生命を維持するために必要なエネルギー源を獲得するというだけではなく，係員と動物との心理的障壁を取り除くことでもあり（人付け），人工的な閉鎖環境に適応することでもある（環境付け）．

餌付けとは，こちらが与えた食物を最終的に自力で摂取することであるが，そのプロセスには，「強制的に餌を嚥下させる方法（強制給餌）」と「自発的に食べるまで待つ方法（自力摂餌）」の2つの方法がある．小型のイルカ類や海牛類，ラッコは，餌を投げ与える「投餌」により数日のうちに自発的に摂餌する場合が多いが，大型のイルカ類や鰭脚類の場合，餌付けはさほど容易ではなく，正常な摂餌状態となるまでにかなりの日数を要する場合も少なくはない．健康でかつ，痩せがさほど進んでいない個体の場合は，その個体に与える精神的，肉体的ストレスによる馴致の遅れを考慮し，たんに担当者の不安感を解消するための強制給餌はできるだけ避けたい．飼育担当者の最大の責務は，担当個体に餌を供給することであり，いかなる理由があろうとも，その個体が摂餌をしないということは異常なことであると認識をする．そのような異常な状態が継続することは，担当者にとってはきわめて不安なものであり，精神的動揺は当然のことであるが，それを解消する手段として短絡的に強制的手法を選択するのではなく，動物の状況により判断をすることが肝要である．体調異常の場合は治療を優先するが，動物の餌に対する反

応だけではなく，行動や排泄物などをつぶさに観察し，動物が発するすべての情報を解析し，日々，作戦を立て実行する．ここでの経験は，体調異常時の対応や他個体あるいは他種にも応用でき，そのことが飼育技術の発展につながる絶好のチャンスでもある．

　摂餌をスムーズにしていくこと，あるいは，係員への接近を速くするなど，反応をよくすること，これらはすでにトレーニングの範疇である．個体の飼育の目的はさまざまであり，必ずしもショーなどを目的としなくても，トレーニングを施すことは飼育をするうえで有効であり，飼育担当者は漫然と給餌をするのではなく，給餌時はつねにトレーニングをする感覚で動物と接することも大切である．トレーニングとは，行ってもらいたい行動（反応）を褒賞（好ましい刺激）を用いて導く（強化）ことである．褒賞は「強化子」とも呼ばれ，目的とする行動の後に与え，生起確率を高める刺激である．さまざまな強化子が用いられるが，海獣類の場合，通常は餌が使用され，これを「第1次強化子」という．求める行動のすぐ後に強化子を与え強化する（即時強化）のが基本であるが，すぐに餌を与えられない場合も多い．換言すると，餌を与える直前の行動がもっとも強化されるので，トレーニングされるべき目標行動と異なる場合が多い．イルカのジャンプのトレーニングをしているときに，もっとも高いジャンプをした後に餌を与えるのがもっとも適切な強化であるが，それは不可能である場合が多い．そこで，餌の代替として使用する合図（強化子）が必要となり，それを「ブリッジ」または「第2次強化子」といい，海獣類の場合，通常，笛（ホイッスル）が用いられる．イルカがもっとも高くジャンプしたときに，ホイッスルを吹き，その後で餌を与えれば高いジャンプが強化される．餌付けの段階から，餌＝ホイッスルの強化が開始され，その後，各園館のトレーニングプログラムによってトレーニングが進んでいく．

2.3　教育・研究

（1）教育活動

　動物園・水族館の教育活動については，さまざまな視点から論じられてい

るが，海獣類に関していえば，水族館は，海獣類を収集，飼育し，展示を中心とした「教育普及」を実施する施設であり，特徴的なものは，ショーとふれあい体験などがあげられる．

　動物ショーやパフォーマンスは，トレーニングを介し自然環境で見られる行動を導き，短時間に集約して紹介する行動学的展示の一手法として実施されている．ここで紹介される行動は，オペラント条件付けによりトレーニングされたもので，動物にとっては自然で自発的な行動であり，娯楽性を重視するか，教育的に見せるかは，あくまでも運営者側の方針にまかされている．行動の紹介にあたっては，自然環境下での動物の行動を十分に解析し，演出方法を吟味することにより，教育（エデュケーション）と娯楽（エンターテインメント）の間に位置する，来館者が楽しんで学べる手法（エデュテインメント）として，より効果的な展示手法となろう．

　また，この手法により鳴き声を聞かせたり，安全に動物にふれることができる「ふれあい体験」など，動物との距離を近づけ，五感に訴えた参加・体験展示が可能となる．展示施設内やその他のスペースを利用して，時間や空間の制約を受けずに比較的容易に，かつ集約的に動物を紹介することもできるので，解説を加えた教育プログラムの一環として応用可能であり，多くの発展性を持った展示方式の1つである．

　これらの展示方式を複合的に応用し，解説などの教育方法を充実させ，来館者がすでに持っている知識をより深いものへと導くとともに，新たな発見と驚きにより，さらなる知的好奇心を喚起することが重要である．また，来館者の心に訴え，感動を与えることにより，動物とそれを取り巻く環境についての関心をさらに高めることができるように，来館者の反応に注意しながら，つねに創造的で新鮮な，魅力のある展示を継続するよう心がけたい（荒井，2006）．

（2）水族館での研究

　幸島ほか（2008）は，飼育個体を研究に利用する利点は，①形態や行動，生理の詳細な分析が可能であること，②多種間での比較が容易にできること，③実験的操作ができること，とし，近年発達した研究技術を十分に生かして野生動物研究を新たな段階に進めるためには，飼育個体の研究が今後ますま

す重要になるとしている．Kuczaj（2010）は，飼育下の海獣類を対象とした研究に関して，①研究に対する飼育動物の重要性，②野生動物に対して実施された研究を飼育下で補足的に実施することの重要性，③研究者が野生，飼育下にとらわれずに協力する重要性，④飼育下の海獣類に関する解剖・行動・認知・会話・知覚・生理に関する研究の必要性，について述べている．Morisaka et al.（2010）は，日本における飼育下の海獣類を対象とした行動学・認知行動学・生理学に関する最新の研究結果を紹介し，バイオロギングサイエンスなど近年の技術開発は，飼育下での基礎研究なしには達成できず，科学や保全の発展には，野生と飼育下の研究の協力体制が必要であるとし，飼育下の海獣類を対象とした研究の重要性が再認識されているとしている．

内田（2006）は，野生動物の研究には野生動物と飼育個体の研究が車の両輪であり，日本では水族館以外に鯨類を飼育している研究所や機関はなく，今後水族館の飼育イルカの存在価値はますます高くなり，水族館に求められる環境教育や生涯教育の分野で飼育鯨類が果たす役割も大きく，水族館の発展，存続に大いに寄与してくれる動物群であるとし，水族館での研究の重要性を指摘している．

最後に，水族館での海獣類の研究の重要性を説き，自ら実践した故・鳥羽山博士の言葉を引用し，箴言としたい（鳥羽山，2002）．

> 飼育担当者は，とかく研究用サンプルのコレクターに陥り，調査研究は研究者側にまかせる傾向があるが，新しい時代を迎えて，飼育担当者も自らフィールドにおける研究であることを自覚し，研究への関心を高め，自らのテーマを持って，水族館の社会的目的の一つである研究の推進に積極的に取り組むよう心掛けることをわすれてはならない．

第3章　鳥類
―― ペンギン

荒井一利

3.1　水族館の鳥類

　2012年の日本動物園水族館協会（以下，JAZA）飼育動物一覧によると，2012年12月31日現在，日本の水族館では家禽を除く12目16科46種の鳥類が50館で飼育されている．このうち約10%にあたる5館以上で飼育されている種は7種で，飼育館が多い順に，フンボルトペンギン（30館），イワトビペンギン（18館），オウサマペンギン（16館），ジェンツーペンギン（14館），マゼランペンギン（12館），ケープペンギン（12館），モモイロペリカン（7館）である．

　日本の水族館で飼育されている鳥類の個体数は2505羽で，多い順に，フンボルトペンギン（1044羽），ケープペンギン（260羽），ジェンツーペンギン（238羽），マゼランペンギン（235羽），イワトビペンギン（173羽），オウサマペンギン（136羽），アデリーペンギン（81羽）であり，飼育個体数に関してもペンギン類が圧倒的に多い．

　日本の水族館で飼育されている鳥類は，ペンギン類が主体であるということができ，2012年12月31日現在，JAZA加盟の水族館では，フンボルトペンギン（30館1044羽），イワトビペンギン（18館173羽），オウサマペンギン（16館136羽），ジェンツーペンギン（14館238羽），ケープペンギン（12館260羽），マゼランペンギン（12館235羽），マカロニペンギン（4館14羽），アデリーペンギン（3館84羽），フェアリーペンギン（3館26羽），ヒゲペンギン（1館28羽），コウテイペンギン（1館6羽），合計11種2240羽が飼育されている．

3.2 日本のペンギン飼育・展示の特徴

　現生のペンギンは，ペンギン目ペンギン科6属18種で構成され，南極大陸とその周辺の亜南極圏で繁殖する7種（A）と温帯から熱帯に繁殖地のある11種（B）に分かれる．日本ではこれまでに14種が飼育され，飼育種数，飼育個体数ともに世界一の「ペンギン飼育大国」といわれている（ウィリアムズほか，1998；表3.1）．

　生息地より遠く離れた異国の動物園・水族館で多くの個体が飼育されている事実は，きわめて興味深く，日本におけるペンギン飼育の歴史は，日本の動物園・水族館の変遷と密接に関係している．入手方法に関しては，南氷洋の捕鯨船団が大きく関与しており，たいへんユニークである．飼育園館とし

表3.1　ペンギンの種類と日本の飼育記録（ウィリアムズほか，1998より作成）．

	和名	学名	生息地	日本初来園 （年・場所）	日本初繁殖 （年・場所）
1	コウテイペンギン	Aptenodytes forsteri	A	1954 上野動物園	2004 アドベンチャーワールド
2	オウサマペンギン	Aptenodytes patagonicus	A	1956 東山動物園	1965 長崎水族館
3	アデリーペンギン	Pygoscelis adeliae	A	1952 上野動物園	1995 名古屋港水族館
4	ヒゲペンギン	Pygoscelis antarctica	A	1947 王子動物園	1995 名古屋港水族館
5	ジェンツーペンギン	Pygoscelis papua	A	1952 上野動物園	1991 松島水族館
6	マカロニペンギン	Eudyptes chrysolophus	A	1951 天王寺動物園	1993 宮島水族館
7	ロイヤルペンギン	Eudyptes schlegeli	B	—	—
8	イワトビペンギン	Eudyptes chrysocome	A	1964 上野動物園	1980 上野動物園
9	フィヨルドランドペンギン	Eudyptes pachyrhynchus	B	1970 日本平動物園	—
10	スネアーズペンギン	Eudyptes robustus	B	—	—
11	シュレーターペンギン	Eudyptes sclateri	B	1978 ノシャップ寒流水族館	—
12	キガシラペンギン	Megadyptes antipodes	B	—	—
13	コガタペンギン	Eudyptula minor	B	1963 上野動物園・東山動物園	1995 葛西臨海水族園
14	ハネジロペンギン	Eudyptula albosignata	B	—	—
15	フンボルトペンギン	Spheniscus humboldti	B	1915 上野動物園	1953 東山動物園
16	マゼランペンギン	Spheniscus magellanicus	B	1932 上野動物園	1988 下関水族館
17	ケープペンギン	Spheniscus demersus	B	1957 上野動物園	1975 上野動物園
18	ガラパゴスペンギン	Spheniscus mudiculus	B	1963 浜松市動物園	—

ては，歴史的に，東京都恩賜上野動物園（以下，上野動物園）と長崎水族館の存在が大きくかかわっており，両園館ともに日本のペンギン飼育技術を世界的なレベルに高めたその貢献度は大きい．また，極地ペンギンの飼育方法に関しては，近年，アメリカのシーワールドで開発された，施設や設備を含む飼育技術や人工孵化・育雛方法も影響を与えている．この方法を採用し，近年の日本における極地ペンギン飼育に影響を与えているのが，アドベンチャーワールドと名古屋港水族館である．とくに，これらの2園館とアメリカ・シーワールドは，今後，極地ペンギンの供給場所として世界的にも重要になると考えられる．

日本のフンボルトペンギンの飼育個体数は，世界一多いといわれている．日本を代表する飼育動物の一種といってもよく，適正な血統管理を進めながら数を増やすことにより，他国の園館との交流や生息地の域内保全にも貢献する可能性は大きい．

ペンギン飼育担当者や研究者などで構成されている「ペンギン会議」の存在も日本のペンギン飼育を論じるうえでは重要であり，その発展に大きく貢献している．ペンギンに関する名著といわれている "The Penguins : Spheniscidae" を「ペンギン会議」のメンバーで邦訳し，『ペンギン大百科』として出版した．この翻訳書は，ペンギン類の飼育に携わる者にとって，たいへん参考になり，バイブルといっても過言ではない（ウィリアムズほか，1998）．翻訳書は原著の邦訳だけにとどまらず，訳者の堀秀正氏が「日本でのペンギン飼育」，上田一生氏が「ペンギン保護の現状」「ペンギン研究の過去・現在・未来」をオリジナル原稿として執筆している．分類に関しても，新和名の提唱をするほか，訳者らの見解をおりまぜている．ペンギン類の分類についてはさまざまな議論があり，将来的にも大きく変更される可能性があり，原著では現生種を6属17種としているが，翻訳書では，コガタペンギンとハネジロペンギンを別種として扱い18種としており，本章もそれにしたがっている．とりわけ「日本でのペンギン飼育」は，日本のペンギン飼育の歴史を明確に集約した重要な文献である．細かな記載はこの翻訳書と上野動物園，長崎水族館に関する刊行物に譲ることとし（東京都，1982；白井，2006；小宮，2010），ここでは，これらの文献を参考にして，日本におけるペンギン飼育の特徴について紹介する．

(1) 東京都恩賜上野動物園

　日本で初めて飼育が行われたペンギンはフンボルトペンギンで，1915年に2羽が上野動物園に寄贈されている．1932年にもマゼランペンギンの来園記録が残っているが，戦前の資料は乏しく不明な点が多い．終戦直後の日本では，極度の食料不足からその解決策としてGHQ（連合国軍最高司令官総司令部）の許可の下で，1946年に大型の捕鯨船団による南氷洋捕鯨が再開された．捕鯨船団は極地のペンギンを持ち帰るようになり，上野動物園をはじめ各地の動物園・水族館に寄贈した．1951年に初めて上野動物園に搬入されたペンギンは，ドイツ語名を直訳し，「ナンキョクペンギン」として紹介された．このペンギンはのちに混同を避けるために，英名を訳した「ヒゲペンギン」に変更され，この和名は現在でも使用されている．

　1952年には，ジェンツーペンギンとアデリーペンギンが上野動物園に来園している．これらの個体はいずれも短期間で死亡しており，死因の多くはアスペルギルス症であった．アスペルギルス症は，アスペルギルス属の真菌を原因とする真菌症であり，一般的な病原菌は *Aspergilus fumigatus* である．現在，ペンギンだけでなく，ほかの分類群でも本症に感染する個体が見られるが，当時の捕鯨船内の不十分な飼育管理の下での長い航海中，体力を消耗した個体が簡単に感染してしまう状況は十分に考えられる．1954年にコウテイペンギン2羽が上野動物園に来園し，2羽とも船内ですでにアスペルギルス症に感染していたと考えられ，1羽は治療の甲斐なく，2カ月あまりで死亡した．しかし，残りの1羽に対しては，水虫治療薬の「オーレオスライシン」という抗生物質を家庭用の吸入器で吸入させたところ効果を示し，1年以上生存した．水虫は白せん菌という真菌であり，その治療薬の応用は，上野動物園の獣医師による発案であり，当時，欧米の動物園・水族館でも本種の飼育成功例はなかったので，世界で初めての飼育成功例となった．ところが，皮肉にも本個体の死亡後の剖検結果では，アスペルギルス症による病変は認められず，敗血症の診断がなされたのである．その後も1960年までにコウテイペンギンはのべ18羽が寄贈され，このうち1960年に搬入された3羽は16年以上生存し，1羽は当時の長期飼育記録（17年3カ月）を樹立した．このように，コウテイペンギンにアスペルギルス症への対応を施し，長

期飼育を成功させたことは，国際的に評価され，上野動物園の獣医学，飼育技術のレベルの高さを示すこととなったのである．

　コウテイペンギンの飼育に成功し，内外の評価を得た上野動物園は，以後，ペンギンコレクションに力を入れるようになった．たとえば，1955年にはオオサンショウウオを飼育していた水族室を改築し，夏でも室温を10℃に冷却可能なペンギン室を建設して，さらに1956年に不忍池畔のヌートリア飼育施設をフンボルトペンギン池に改造した．また，1956年には，第1次南極観測隊の観測船「宗谷」からケープペンギンの寄贈を受け，1960年にオウサマペンギン，1961年にイワトビペンギン・マカロニペンギン・コガタペンギン，1964年にマゼランペンギン，1965年にガラパゴスペンギンを続けて搬入した．このガラパゴスペンギンは，マグロ漁船が捕獲し，浜松市動物園で飼育されていた個体を，アメリカバイソンとの交換で入手したものである．この時点で上野動物園は18種のうち12種のペンギンを飼育したことになり，このうちオウサマペンギン・イワトビペンギン・マカロニペンギン・フンボルトペンギン・ケープペンギンの5種で繁殖に成功している．日本でこれまでに飼育された14種のうち8種が上野動物園で初めて飼育されている（表3.1）．

　上野動物園では，極地ペンギンのアスペルギルス症の予防のための病気対策，健康管理と繁殖促進を目的に，外気をあて日光浴をさせながら，日本の環境に慣れさせることが重要と考え，1957年より冬期の屋外飼育を開始した．夏期は屋内の冷房室で飼育する方式をとり，この夏と冬で飼育場所を変える方式は「上野方式」と呼ばれ，同様の方式をとる園館も多くなっていった．毎年2回の飼育施設の変更時には，ペンギンは施設間を歩いて移動し，その光景は季節の話題として上野動物園の風物詩となった．1970年代になると，捕鯨の衰退とともに捕鯨船団による極地ペンギンの寄贈はなくなり，1989年に開園した葛西臨海水族園にフンボルトペンギンの飼育が継承され，現在ではケープペンギンだけが飼育されている．

(2) 長崎水族館・長崎ペンギン水族館

　1959年に開館した長崎水族館は，冷却設備のあるペンギン室を有し，1959年にヒゲペンギン，1961年にアデリーペンギン・ジェンツーペンギ

ン・マカロニペンギン，1962 年にオウサマペンギン，1964 年にコウテイペンギンの飼育を開始した．いずれも南氷洋の捕鯨船団により捕獲され，寄贈されたものである．1962 年に搬入された 12 羽のオウサマペンギンのうち 6 羽は 20 年間以上の長期飼育に成功し，そのうちの 1 羽のオスは 39 年 9 カ月生存し，ペンギン類の世界長期飼育記録を樹立した．1965 年には，このうちのペアが日本で初めて繁殖に成功している．1964 年に搬入したコウテイペンギンは 28 年 5 カ月間生存し，本種の世界長期飼育記録を樹立した．このペンギンは「フジ」と命名され，1977 年以降は飼育下で生存する唯一のコウテイペンギンとなり，長崎水族館の名を高めることになった．これまでに 11 種のペンギンを飼育し，オウサマペンギン・マカロニペンギン・ジェンツーペンギン・フンボルトペンギン・ケープペンギン・マゼランペンギンの 6 種で繁殖に成功し，これは国内では最多種である．

　1963 年に上野方式を採用し，冬期の極地ペンギンの屋外飼育を開始した．しかし，施設の構造上，野犬などの侵入が懸念されたので，毎朝屋内施設から屋外施設へ移動し，開館中は屋外施設で展示をし，夕刻再び屋内施設に戻した．この方式は「長崎方式」と呼ばれた．現在，冬期には各地の動物園・水族館でペンギンパレードが行われているが，毎日 2 回のペンギンの移動は，このパレードの元祖といえるであろう．この冬期の屋外飼育期間中には，動物の適正能力を引き出し，集団性と活動性を養い，健康増進を図り，繁殖を促進させるために有効な手段として，パレードのほかに「台乗り」や「飛び込み」などの集団調教を実施していた．

　このように日本のペンギン飼育に多くの足跡を残した長崎水族館であったが，1998 年に閉館をした．しかし，長崎県民や市民をはじめ，多くのペンギンファンの強い要望に応えて，2001 年には長崎ペンギン水族館が開設し，旧水族館で育てられたペンギンは全個体が移動し，これまでに培われてきた技術も継承されることになった．2009 年には，水族館に隣接する入江をネットで仕切り，自然の海と砂浜を利用し，フンボルトペンギンを飼育展示する「ふれあいペンギンビーチ」がオープンし，そこへの移動時のパレードも含め，人気を呼び，新たなペンギンの展示方式になっている（図 3.1）．長崎ペンギン水族館では，2012 年現在，8 種 167 羽のペンギンを飼育しており，種数，個体数ともに日本有数のペンギン飼育水族館である．

図 3.1 長崎ペンギン水族館の「ふれあいペンギンビーチ」(長崎ペンギン水族館提供).

(3) アメリカ・シーワールド

1983年にアメリカのシーワールド社の一施設である,シーワールド・オブ・サンディエゴに「ペンギン・インカウンター(ペンギンとの遭遇)」というペンギン展示施設がオープンした.フンボルトペンギンの屋外展示施設と極地ペンギンの屋内展示施設,ツノメドリやエトピリカの屋内展示施設で構成されている.極地ペンギン展示施設は,陸地面積 470 m^2,プール水量 560 m^3 の巨大施設で,気温は -3~-4℃,水温は 7℃,1日に 5000 kg の氷片が天井より舞う,まさに南極の沿岸部を再現した施設である.ここに7種の極地ペンギン(コウテイペンギン・オウサマペンギン・アデリーペンギン・ヒゲペンギン・ジェンツーペンギン・イワトビペンギン・マカロニペンギン)が400羽展示されている.オープンに際しては,特別許可を受け,1973-1978年に相当数の個体を南極から輸送し,予備施設で研究と技術開発を進めてきた.繁殖技術開発も進み,1980年代には,野生個体群に影響の

図 3.2 シーワールド・オブ・サンディエゴの「ペンギン・インカウンター」.

ない範囲で卵を採集し,人工孵化や人工育雛により飼育個体群を確保する手法も確立させていった（Todd, 1978, 1987a, 1987b；図 3.2）.

　これらの技術革新は,シーワールドのフランク・トッド課長とそのスタッフにより進められ,ここで培われた経験と技術は,のちに多くのペンギン飼育施設に影響を与えることになった.アメリカ・シーワールドの「ペンギン・インカウンター」は,世界のペンギン飼育展示施設および飼育技術に影響を与え,これを基本にした飼育方法を「シーワールド方式」と呼んでもよいだろう.この「シーワールド方式」は,とくに低温環境に適応した極地ペンギン（表 3.1 の A グループ）には有効である.コストがかかるという欠点はあるものの,極地ペンギン飼育展示施設としては,現在のところ最適であり,今後主流になるものと思われる.近年オープンした中国の水族館や香港のオーシャンパークの新施設は,この方式を採用している.オーシャンパークの「ポーラーアドベンチャー」は昨年オープンした施設で,基本的には

図 3.3 オーシャンパークの「ポーラーアドベンチャー」(オーシャンパーク提供).

「シーワールド方式」であるが，ペンギン飼育・展示スペースと観覧スペースが同一空間であることが異なる点である．すなわち，「ポーラーアドベンチャー」の観覧スペースの気温は，飼育スペースと同じ 8-10℃ であり，入園客はペンギンの飼育温度を体感でき，震えながらペンギンを観察するというユニークな発想の施設である（図 3.3）．

　北米動物園水族館協会（AZA；Association of Zoos and Aquariums）には，分類群諮問機関として TAG（Taxon Advisary Group）という組織があり，ペンギン類の TAG により，飼育マニュアルが作成されている（Penguin Taxon Advisary Group, 2003）．このマニュアルは，まさに「シーワールド方式」の教科書ということができ，参考になる．このマニュアルにおさめられている Beall and Branch（2003）によると，ペンギン飼育展示施設の重要要素は，①繁殖目的の営巣場所や個体のテリトリーを考慮した陸上部分，②プール，③ペアリングを進めるうえで雌雄の個体を隔離したり，人工育雛や非感染疾患に罹病した個体の隔離場所としての隔離スペース，④新規搬入個

体や感染疾患に罹病した個体を収容する．主飼育展示施設からは空調も飼育水も隔離した検疫施設，としている．アメリカ・シーワールドやオーシャンパークなどの大型施設にはこれらの4要素が備わっており，十分に活用している．日本ではとくに③と④を欠いたり，両方を一施設で兼用している施設が少なくない．一般に，日本の水族館は「検疫」という考えが海外の施設よりも少なく，新規に建設する施設の課題として留意したい．

（4）アドベンチャーワールドと名古屋港水族館

極地ペンギンに対して「シーワールド方式」の設備と卵を利用しての搬入方法を採用しているのが，アドベンチャーワールドと名古屋港水族館である．

アドベンチャーワールドでは，1990年にアデリーペンギン・ヒゲペンギン・ジェンツーペンギンの卵をキング・ジョージ島で採集し，人工孵化を行い飼育を開始した．1992年には，サウス・ジョージア諸島でオウサマペンギンの卵を採集し，同様に飼育を開始した．1997年にはコウテイペンギンを南極から搬入し，2004年には人工孵化による繁殖に成功している．

1992年にオープンした名古屋港水族館は，極地ペンギンの飼育にも力を注ぎ，アデリーペンギンとヒゲペンギンをアドベンチャーワールドから搬入しており，1998年にはアドベンチャーワールドからコウテイペンギンを搬入している．1995年には，日本で初めてヒゲペンギンとアデリーペンギンの繁殖に成功している．2012年のJAZA飼育動物一覧によると，アドベンチャーワールドは7種389羽，名古屋港水族館は4種163羽を飼育している．

（5）ペンギン会議

「ペンギン会議」は，日本の動物園・水族館のペンギン飼育担当者を中心に1990年に開催された「ペンギン飼育関係者懇談会」をもとに1991年に発足した組織で，飼育技術者間の情報交換と飼育・展示技術の向上，飼育技術者とフィールド研究者との交流，野生個体群の保全・研究活動への支援などの活動を積極的に行っている．とくに「飼育・展示技術の向上」という目標では，JAZAの種保存活動と連携して，本会議のメンバーが中心となり，JAZA加盟園館飼育種の遺伝的多様性を維持しながら，組織的，系統的に管理・保全する体制を整備してきた．また，野生個体群の保全にも積極的に取

り組み，フンボルトペンギンやマゼランペンギンの生息域内保全に関する支援を続けている．現在も，本会議研究員の上田一生氏が中心となり，積極的な活動が継続されており，日本のペンギン飼育展示にとっては重要な組織である．本章を執筆するうえでも，彼らの著作物や資料は大いに参考となった．

（6）フンボルトペンギン

　2012年のJAZA飼育動物一覧によると，フンボルトペンギンは72園館で1727羽が飼育されている．飼育園館数はJAZA加盟園館の約半分にあたり，飼育個体数は鳥類でもっとも多く，野生の生息数の3%以上に達している．戦前の資料は乏しく不明な点が多いが，戦後は1952年に14羽が上野動物園に搬入され，1953年には，戦後初めて東山動物園で繁殖に成功している．京都市動物園では，1956年に購入した1ペアをファウンダー（創始個体）として，1961年から繁殖が始まり，1977年までに53羽が育っている．日本の動物園・水族館全般にいえることではあるが，当時は動物の飼育下繁殖に関して，遺伝学的な配慮が乏しかったため，十分な血統管理をせずに，飼育下繁殖個体を増やし，余剰になった個体は他園館に移動することが行われていた．JAZAは，1988年に動物園・水族館の使命を達成するために必要な動物を，その種の遺伝的多様性を確保しつつ，飼育下における自立した繁殖群となるよう検討ならびに調整をすることを目的に「種保存委員会」を発足させ，さまざまな種保存活動がスタートした．

　血統登録もその1つであり，1993年に本種の国内血統登録を開始し，その結果，遺伝的多様性の劣化や近親化が進んでいることが判明し，その対応として，繁殖の制限や血液更新を目的とした移動による血統管理を徹底している．あわせて，JAZA野生動物保護募金を用いた助成金により，携帯用孵卵器を購入し，2002年よりそれを用いて受精卵移動による血液更新の推奨を行い，2010年までに36件の実績をあげている．

　しかし，登録開始時の個体の多くが両親のわからない来歴不明個体であり，現在の血統登録では，これらのすべての個体には，血統関係がないという前提で扱っているが，同一飼育施設から同時期に導入した個体の中には，すでに血縁関係を持つものが含まれていた可能性がある．また，フンボルトペンギンでは，つがい外交尾がしばしば認められることより，現在の行動観察に

より把握している親子関係と，遺伝的な親子関係が必ずしも一致しない可能性があり，現在の血統登録が各個体の遺伝的近縁関係を正確に反映したものではないことが明らかになっていった．

近親化の進行を防ぐために，近交係数保有個体に対する繁殖制限を行ってきたが，野生からの新たなファウンダーの導入がむずかしい本種の場合，従来の血統登録だけでは不十分であることが判明し，遺伝的多様性を保ちながら，国内の飼育個体群を維持するためには，すべての個体の遺伝的な近縁関係を明らかにして，正確な血統登録の下での血統管理の必要性が示唆された．そこで，JAZA 生物多様性委員会が主導し，JAZA 優先種等助成金制度を活用して，2010 年より飼育されている全個体の血液を採取し，DNA マイクロサテライトの解析による親子鑑定技術を用いて，各個体の遺伝的近縁関係を解明する試みが行われ，2013 年にその結果が明らかにされた．それによると，日本国内のフンボルトペンギン飼育施設は，野生個体群と同程度の遺伝的多様性は保っているものの，一方で遺伝的分化，集団内個体群構造には個体の移出入とファウンダーが大きく影響を与えるため，その多様性は集団規模により異なることが明らかになった．そのため，今後の繁殖計画には集団規模に合わせた適切な計画の立案が求められることが科学的にも確認された．

3.3　現在の問題点

(1) 飼育気温

Beall and Branch (2003) によると，適正飼育気温は，第 1 グループ（南極大陸に生息するコウテイペンギン・アデリーペンギン）：-7~-1℃，第 2 グループ（亜南極圏に生息するオウサマペンギン・ジェンツーペンギン・ヒゲペンギン・マカロニペンギン・イワトビペンギン）：0-11℃，第 3 グループ（フンボルトペンギン・ケープペンギン・マゼランペンギン）：3-22℃としている．第 3 グループは日本でも屋外飼育されており，繁殖もコンスタントに行われている．

日本でのこの実績より，直射日光を避ける日陰やスプリンクラーやミストなどの高温対策設備があれば，30℃を超える環境でも十分飼育可能である．

第1グループと第2グループについては,これまでの日本での実績を考慮に入れると,第1グループは0℃周辺,第2グループは5-20℃で十分,飼育可能と考えられる.しかし,ウィリアムズほか(1998)でも指摘しているように,マカロニペンギンやイワトビペンギンはこれまでに第3グループと同様の環境で飼育するところが多く問題があったが,第2グループと考えることによって問題の解決につながるものと考えられた.鴨川シーワールドでも,これらの2種を屋外施設で飼育していたときは長期飼育ができなかったが,第2グループと混合飼育(気温・水温12℃)したところ長期飼育をすることができた.

(2) 疾病

Wallace and Walsh (2003)によると,一般的な疾患の症状は,①食欲の減少,②無気力かまたは逆に怒りっぽくなる,③嘔吐,④群れから離れ単独,⑤羽毛状態の悪化,⑥体重減少,⑦跛行,⑧脱水,⑨排便異常,⑩伏臥姿勢,⑪呼吸異常,⑫発声の減少,⑬せきやくしゃみ,⑭遊泳の減少,などであり,これらの異常の早期発見が重要であるとしている.以下の3例が日本のペンギンが罹患する三大疾病といわれており,ペンギンの生息地とはかなり異なる環境の日本での飼育は,これらの疾病との闘いであるといっても過言ではない.

とくにアスペルギルス症は,上野動物園の項でも紹介したが,飼育当初よりペンギン飼育上の大きな障壁であり,当時の飼育係員や獣医師の方々の努力には頭が下がるが,近年の飼育状況から考えると,当時の飼育環境は現在よりもかなり劣悪であったといわざるをえない.飼育環境を整えることにより,罹患率が好転するまさによい例といえるであろう.Beall and Branch (2003)も,高温多湿の環境はアスペルギルス症を助長するとしている.

鳥マラリアについては,海外の施設では以前より発症率が高かったが,日本では見られない疾病であった.しかし,近年,日本でも本症の感染が認められるので注意が必要である.Beall and Branch (2003)によれば,鳥マラリアも高湿度の環境では注意が必要である.これらの疾病は,日本におけるペンギン飼育とは密接に関係し,現在でも感染が認められるので,引き続き日本での問題点と考えられる.以下に Wallace and Walsh (2003)の指摘する症状と対応策について紹介をする.

アスペルギルス症

1950-1960年に搬入される極地ペンギンのほとんどは，アスペルギルス症に感染し死亡している．50年以上を経過した現在でも，もっとも多いペンギンの疾病はアスペルギルス症である．この病原菌はアスペルギルス属（*Aspergillus*）に属する真菌（カビ類）で，温暖な地域では普通に見られ，ヒトも動物も空気とともに普通に吸い込んでおり，体内で増殖するのを防ぐ抵抗力を持っているので，健康な限りは発病しない．飼育環境に病原菌が少ないことはもちろんであるが，ペンギンが健康で飼育環境に適応している場合は問題ないが，病原菌が多い環境であったり，なにか別な理由で体力が衰え，免疫力が低下したときに感染をすることがある．

本症に感染する危険がある状況は，①貧弱な排気設備などの空調設備の不備，②空気中のアンモニア高濃度，③飼育個体群の不安定（新規搬入や移動など），④巣や巣材などにより新たに病原菌が増殖する環境，⑤気温の異常，などが考えられる．本症の感染が疑われる症状は，①開口呼吸，②せき，③発声の減少，④食欲不振，⑤活発性の低下，⑥体重の減少，⑦群れから離れ単独，⑧伏臥姿勢，などがある．

予防方法は，①適切な空調，②定期的な真菌検査，③適正な飼育環境（過密の防止），④輸送・移動・新規個体の搬入時の抗真菌剤予防投与，⑤換羽前や換羽直後の個体の移動や輸送をしない，などがある．

診断方法としては，①血液検査による白血球数の増加（単球数増加），②真菌培養，③肺・気嚢のレントゲン撮影や気管支内視鏡，④抗体価検査，などがあり，治療方法としては，抗真菌剤を状況にあわせ投与することであり，以前は致死的であったが，近年では治療可能な疾病である．

鳥マラリア

鳥マラリア原虫（*Plasmodium* spp.など）は，蚊などの吸血昆虫によって媒介される鳥類の血液原虫であり，ペンギン類は本原虫に対して感受性が高い．ペンギン類が生息する寒冷な地域には吸血昆虫が少ないか生息していないので，遺伝的に鳥マラリアに対する抵抗性を獲得する必要がなかったからと考えられている．屋外で飼育するペンギンの死亡率が高く，食欲不振・開口呼吸・起立困難などの症状を示す場合もあるが，なんの症状も示さずに呼

吸困難になり急死することもある．蚊が発生する時期には屋外飼育を止めるか，夜間のみ屋内に移動するなどの防蚊対策をし，定期的にマラリア検査を実施する．感染した場合は，クロロキンやプリミキンなどの抗マラリア薬投与により治療をする．

趾瘤症

陸上部の表面が硬くざらざらだったり，つねに湿っていたり，排便が多かったりする環境下で，そこに立っていることが多いと起こる疾病である．手元給餌をしているところでは，陸地に長くいる傾向があり，それも本症を助長する原因と考えられる．また，過密により行動が制限され，陸地で静止していることが多くなることも原因の1つである．脚の裏に小さな傷ができ，そこからの細菌感染が起源で，しだいに悪化していくものであり，結果として歩行不良となる．それがもとで関節炎を併発したり，さらに悪化すると衰弱して死に至る場合もある．治療方法としては，抗生剤の投与により細菌感染への対応をするが，局部的な治療と全身的な投与とを行う必要があり，患部をカバーすることで進行を防ぐ効果がある．近年では，薬剤の投与と患部への塗布のほかに，さまざまな材質の脚底保護具の装着により一定の効果が報告されている（堂前ほか，2008）．また，近年では陸上部の材質もむきだしのコンクリートだけでなく，いろいろな材質が検討されている．どのような材質であれ，表面が清潔で乾燥していることも重要である．

3.4　最近の傾向と今後の展望

（1）旭川市旭山動物園

旭川市旭山動物園は，動物の行動を引き出すことに注目して，2000年より動物展示施設を更新し注目を集めた．これらの展示手法は「行動展示」と呼ばれているが，その一環として「ぺんぎん館」がオープンした．アクリルガラスの加工技術の進歩により，水族館で開発された「トンネル水槽」をペンギン展示に応用した異なる視野による多方向からの展示方法で，この手法は，2008年にオープンした島根県立しまね海洋館の「ペンギン館」や2010

図 3.4　オウサマペンギンの散歩（鴨川シーワールド）．

年にオープンした下関市立しものせき水族館の「ペンギン村」，2012 年にオープンした京都水族館でも採用された．今後，新たにオープンする展示施設の主流になると思われる．

　ペンギンパレードは，「長崎方式」による展示手法で，以前より多くの動物園・水族館で実施されているが，旭山動物園が冬期に実施している「ペンギンの散歩」で話題を呼んだことにより，実施するところがさらに多くなった（図 3.4）．この際に，ペンギンに蝶ネクタイなどを装着して実施することがある．以前にはよく見られた光景であるが，近年では，過度の擬人化による倫理上の観点から論議を呼ぶこともあるので，考慮する必要がある．冬期は，各地で鳥インフルエンザ感染が疑われる症例が野鳥や家禽で認められることがあるので，注意が必要である．

（2）下関市立しものせき水族館

　下関市立しものせき水族館の「ペンギン村」は 2010 年にオープンし，水

図 3.5　下関市立しものせき水族館の「ペンギン村」(下関市立しものせき水族館提供).

深 6 m，水量約 700 m^3 の極地ペンギン展示施設と，繁殖の推進と繁殖行動展示を目的としたフンボルトペンギン展示施設に分かれている（図 3.5）.前者には「ペンギン学校」と称する学習施設があり，多彩なハンズオン教材や標本，映像を用いた教育活動も充実している．後者は「特別保護区」と名づけられ，本種の生息地であるチリ国立サンチアゴ・メトロポリタン公園付属動物園（以下，メトロポリタン動物園）より「生息域外重要繁殖地」の指定を受け，現地での研究と保全に貢献する国際協定を締結している．この活動は，メトロポリタン動物園が実施している「フンボルトペンギン保存計画」を支援することと，将来的には日本国内へ新たな血統を導入することを目的としている.

　チリの生息地では，繁殖期に雨で巣が流されたり，親鳥が卵を放棄する割合が非常に高く，繁殖率の低下が報告されている．メトロポリタン動物園では，放棄された卵を回収し，人工孵化，人工育雛をするプログラムを実施している．このプログラムを通じて飼育下繁殖コロニーをつくり，環境教育プログラムに活用するとともに，飼育下繁殖個体の野生復帰を目指している．

日本の飼育下で実績のある機器を導入するとともに，下関市立しものせき水族館の持つ人工孵化，人工育雛技術を本プロジェクトに応用し，フンボルトペンギンの域内保全に貢献する活動が行われている．これらの活動には，JAZA 野生動物保護募金助成金制度も活用され，世界一多いといわれている飼育個体を擁する日本の動物園・水族館が，遠く離れた生息地の域内保全に貢献することができる事例として注目したい．

(3) 埼玉県こども動物自然公園

埼玉県こども動物自然公園の「フンボルトペンギン生態園・ペンギンヒルズ」は，2011 年にオープンしたフンボルトペンギン飼育展示施設で，植物と土に覆われたチリの野生営巣地を再現しており，集団で波間を泳ぐ行動と自然な繁殖生態を紹介することを目的としている（図 3.6）．ここも「生息域外特別保全施設」として，チリとの保全のための国際協定を締結している．ここの大きな特徴は，通常は飼育担当者以外は立入禁止となるエリアに一般

図 3.6 埼玉県こども動物自然公園の「フンボルトペンギン生態園・ペンギンヒルズ」
（埼玉県こども動物自然公園提供）．

客が入り，より身近にフンボルトペンギンを観察することができることである．近年，あたかも生息地へ紛れ込んだと思われるような錯覚を起こさせる環境一体型展示「ランドスケープイマージョン」という展示手法が試みられているが，高価で大がかりなしかけもなく，自然の立地を巧みに利用し，これと同様な効果をもたらしている．

　ペンギンというと南極の白い氷の世界を連想させるが，18種のうち12種の生息環境は，氷の世界とは無縁であり，この展示手法はほかの小動物にも応用でき，なんとも不思議な感覚を覚える展示施設である．まさに「子ども動物園」ならではの発想で，園内各所に展開されている「手づくり」の温かなぬくもりの延長線上にあり，子どもたちが自然と生命の尊さに接することができる施設である．

　近年，水族館では，造波装置や水動装置を設置し，生息環境にあったさまざまな波や水流をつくり，飼育および展示効果をあげているが，ペンギンの施設に応用される例は少ない．本施設には造波装置が設置されており，まるで水面の動きを楽しむかのように波間に浮かぶリラックスしたペンギンの様子は，展示効果を高めるとともに，飼育環境の多様性を高める「環境エンリッチメント」にもつながっていくものである．

（4）集団飼育

　ペンギン類はコロニー（集団）で生活しているため，最低でも6羽以上で飼育展示するのが基本とされており，広大な陸地と水深の深いプールで多くの個体を飼育するのが新しい施設の特徴である（Beall and Branch, 2003）．2012年のJAZA飼育動物一覧によると，50羽以上を飼育している園館は，動物園ではアドベンチャーワールド（オウサマペンギン・ジェンツーペンギン・アデリーペンギン）だけであるが，水族館では名古屋港水族館（アデリーペンギン・ジェンツーペンギン），上越市立水族博物館（マゼランペンギン），サンシャイン水族館（ケープペンギン）があり，フンボルトペンギンは，9館（小樽水族館・新潟市水族館マリンピア日本海・鳥羽水族館・桂浜水族館・宮島水族館・東京都葛西臨海水族園・南知多ビーチランド・下関市立しものせき水族館・長崎ペンギン水族館）が50羽以上飼育しており，近年は，多数羽による集団飼育の傾向がある．フンボルトペンギンでは，50

羽以上飼育施設の遺伝的多様性が高いことが示唆され，ヒナの成育率は飼育規模が大きくなるほど高く，死亡率は飼育規模が小さいほど高いことが明らかになり，小規模の飼育が好ましくないことが明らかになっている．

ペンギンは最大種のコウテイペンギンが体長 120 cm，体重 23-45 kg，最小種のフェアリーペンギンが体長 40 cm，体重 1 kg の小型動物なので多数飼育は展示上効果的であり，繁殖にも有効である．大きな動物と多くの動物の展示は，無条件に見る者を圧倒するものであり，動物園・水族館における展示成功の基本である．しかし，過密飼育は，真菌・細菌の感染や趾瘤症など，いろいろな問題を引き起こすので注意が必要である．Beall and Branch (2003) では，コウテイペンギン，オウサマペンギンとその他の種のプール表面積および陸地面積の最小基準を $1.67 \, m^2$ と $0.74 \, m^2$/羽（6 羽まで），追加個体は $0.84 \, m^2$ と $0.37 \, m^2$/羽としているので，参考にしたい．

(5) 個体群動態

栗田（2011）は，JAZA 種保存委員会で日本における飼育下のペンギン類の個体数動態について，個体群管理プログラムを用いて以下のように報告をした．2010 年 12 月 31 日現在で，のべ 222 園館（JAZA 非加盟園館を含む），総個体数 3631 羽が日本で飼育され，10 年前と比較すると，のべ飼育園館は 3 園館しか増加していないが，飼育個体数は 922 羽増加している．JAZA 血統登録対象種 10 種（オウサマペンギン・アデリーペンギン・ヒゲペンギン・ジェンツーペンギン・マカロニペンギン・イワトビペンギン・コガタペンギン・ケープペンギン・フンボルトペンギン・マゼランペンギン）の 10 年後，20 年後の個体数予測では，オウサマペンギン・マカロニペンギン・イワトビペンギン・コガタペンギン・マゼランペンギンの 5 種に関しては個体数が減少し，ほかの 5 種に関しては安定的に増加することが示唆された．増加が予想されている種は，南極および温帯に生息している種であり，亜南極と寒冷な温帯域に生息する種では減少の傾向にあり，飼育環境が影響している可能性を示唆している．また，個体数の増加が予測される 5 種においては，20 年後には 2 倍以上に増加する可能性があり，その場合は，現状の飼育密度を維持することを統計学上は条件としているので，遺伝的多様性を維持しながらの繁殖制限が必要になるであろう．

フンボルトペンギンにおける過去の失敗を念頭に置きながら，適正な飼育個体群の維持に努めていきたいものである．近年，JAZA の種保存活動では，血統管理に対する個体群管理プログラムや地域収集計画の導入を強化しており，上記の統計学的解析もその成果であり，今後の発展に期待したい．

（6）研究

　国立極地研究所および総合研究大学院大学の内藤靖彦名誉教授を中心に開発されたバイオロギングは，動物行動学の進展に多大な貢献をしているが，とりわけペンギン類の潜水生理・生態解明に大きな足跡を残している．これらのバイオロギング開発は，1979 年の水族館における装着実験からスタートし，基礎実験を経て，さまざまな発展を遂げており，水族館のこの分野における功績は大きい．

　飼育個体を用いたさまざまな研究のうち，採取した血液を用いた研究が最近，進められており，大阪・海遊館では血液化学値と繁殖生態や性別との関係が明らかにされた．今後，水族館ならではの研究成果に期待が持たれており，動物園水族館事業の発展に寄与する優れた研究として「平成 23 年度（社）日本動物園水族館協会・技術研究表彰」に選ばれている（伊東・三木，2011）．

　2012 年より名古屋港水族館，アドベンチャーワールド，男鹿水族館 GAO，葛西臨海水族園と大学研究機関が協力をし，ペンギン類の繁殖生理と卵殻特性に関する研究が，JAZA 野生動物保護募金助成金制度を利用し進められている．これは，①繁殖や換羽にかかわる血中ホルモン動態の解析により，ペンギン類の繁殖生理を明らかにするとともに，非侵襲的な調査を可能にするために，排泄物中のホルモン定量法を確立する，②各種の卵殻の成分や卵の物理的特性と産卵環境との関連性を明らかにする，ことを目的としている．飼育下個体を用いた繁殖生理の解明は，今後，ますます発展する分野と考えられ，それにより得られた知見は自然界に還元することができ，ひいては域内保全に応用可能である．抱卵中にたびたび遭遇する「破卵」という現象は，飼育担当者にとってはきわめて残念なことであり，科学的な解析を加える試みも大いに期待される．

(7) 今後の展望

　ペンギンは人気度の高い分類群であり，歴史的に見ても日本の飼育展示技術は世界でも認められる分野である．「シーワールド方式」の導入により，大型の飼育施設で極地ペンギンを多数飼育する世界的な傾向があり，繁殖技術や人工孵化・人工育雛技術も発達してきている．南極条約などにより野生個体の導入は困難であるが，飼育下繁殖個体に限れば，鳥インフルエンザなどの規制を除くと，各国の制限はそれほど厳しくなく，輸出入が比較的容易な分類群である．ワシントン条約の規制対象種は，フンボルトペンギン（Ⅰ類），ケープペンギン（Ⅱ類）だけであるのも，輸出入を容易にしている要因であろう．

　コウテイペンギンとアデリーペンギンの飼育環境はきわめて低温であるが，その他の極地ペンギンでは，冷却は必要であるものの，それほどの低温は必要ない．また，小型生物なので，飼育展示スペースもあまり大きなものでなくても可能であり，資金に応じ，各園館の展示方針にしたがってさまざまな規模と設備に発展させることも可能である．

　ペンギンに特異的な疾病は依然として注意が必要であるが，適正環境を維持すれば防ぐことが可能であり，治療方法も進んできている．本来は海水で飼育すべきであるが，淡水でも飼育可能であり，世界的に新施設として増加傾向にある分類群であるともいえるであろう．動物園と水族館，どちらにあっても違和感がないが，飼育環境には「水域」が必要であり，極地ペンギンには屋内施設が必要であることより，水族館で水生生物展示のために発展してきたノウハウが活用できる．

　現在の傾向としては，①アクリルガラスの加工技術の進歩による多角的展示，②生息地の再現と生態・行動展示，③ふれあいを利用した教育活動，④繁殖の推進と環境整備，⑤域内保全への貢献，などがあげられ，今後も新たな発想と手法を導入しやすい分類群である．これらの傾向は，ペンギンだけではなく，動物園・水族館の展示全般に関する今後の方向性でもあると思われ，今後の世界の動向にも注目したい．

第4章　爬虫類
——ウミガメ

内田詮三

4.1　水族館の爬虫類

　爬虫類は外温動物であり，中世代（2億4800万-6500万年前）に栄え，絶滅した，かの恐竜も含むグループである．両生類から出現し，鳥類と哺乳類の起源となった動物群で，脊索動物門の脊椎動物亜門，爬虫綱に属する．南極以外のすべての大陸に分布し，83科約9547種を数える（The Reptile Database より 2012年2月現在）．熱帯，亜熱帯に多く分布するので，日本では，カメ目5科12種，有鱗目トカゲ亜目5科35種，同ヘビ亜目4科42種の計14科89種が生息するのみである（千石ほか，1996）．そのため日本の動物園・水族館での飼育爬虫類は外国産の種類が圧倒的に多い．

　日本動物園水族館協会の2011年における統計で，外国産比率は，カメ類において総飼育種数148種のうち137種93％，トカゲ類で62種中の51種82％，ヘビ類で56種中の41種73％，ワニ類で20種のすべて100％，爬虫類全体で286種中の249種87％という高率である．

　類別に飼育状況を見ると，カメ類は飼育種がもっとも多いが，飼育点数も7889点で最多である．動物園と水族館の内訳は動物園が9科138種3766点，水族館が10科128種4123点であり，飼育点数は水族館が多い．これはウミガメ科の点数が1006点で非常に多いためで，科別に見るとヌマガメ科4573点，リクガメ科1497点に次いで，この3科の飼育点数はカメ目全体の90％におよぶ．ウミガメ類の動物園飼育はゼロである．そこで，ウミガメ類を除いたカメ類の動物園と水族館の飼育点数を見ると，前者3766点55％，後者3117点45％となる．

　カメ類の種別の飼育状況では，飼育点数の1位はヌマガメ科のミシシッピ

アカミミガメ 1293 点，2 位は同科のクサガメ 1292 点，3 位はニホンイシガメ 641 点，4 位はリクガメ科のインドホシガメ 429 点，5 位はウミガメ科のアカウミガメ 388 点，6 位は同科のアオウミガメ 330 点，7 位は同科のタイマイ 250 点である．純国産種としては，クサガメ，ニホンイシガメ，アカウミガメ，アオウミガメ，タイマイの順となる．

　トカゲ類は園館全体で 12 科 62 種 769 点を飼育している．内訳は動物園 12 科 61 種 693 点（90%），水族館 8 科 16 種 76 点（10%）であり，種数，飼育点数ともに水族館の例数は少ない．ヘビ類の飼育は全体で 8 科 56 種 836 点である．内訳は動物園 6 科 47 種 702 点（84%），水族館 4 科 21 種 134 点（16%）であり，トカゲ類と同様に「動」高「水」低の傾向がある．

　ワニ類はすべて外国産であるが，全体で 2 科 20 種 236 点が飼育されている．内訳は動物園 2 科 20 種 230 点（97%），水族館 2 科 4 種 6 点（3%）であり，水生動物でありながら水族館での飼育はほとんどなきに等しい．

　以上に述べた状況から，トカゲ類，ヘビ類，ワニ類は動物園での飼育動物群であるといえる．カメ類の飼育では，動物園と水族館でそれほど大きな差異はない．種数は多いが，ナイルスッポンのように 1 館 1 頭，あるいは数館で数頭の種が非常に多い．その一方でクサガメが 31 館で 847 頭の飼育数のように，種によって極端な変化があるのが特長である．

　大きな体の存在感による高い展示効果や，飼育点数の多いこと，動物園での飼育がまったくない点などから，水族館の爬虫類の代表としてはウミガメ類がふさわしいように思われる．したがって，本章ではウミガメ類のみを取り扱うこととする．

（1）ウミガメ類

　ウミガメというとオサガメもまったく同じグループに属すると思われがちであるが，分類上の科としてはウミガメ科とオサガメ科の 2 つになる．しかし，ウミガメといえば海に住むカメのことであるから，科は違ってもオサガメも含んだほうが便利である．

　ウミガメ類は世界で 7 種が存在する．ウミガメ科のアカウミガメ，アオウミガメ，ヒラタウミガメ，タイマイ，ヒメウミガメ，ケンプヒメウミガメ，オサガメ科のオサガメである（表 4.1，図 4.1）．アオウミガメに似たクロウ

表 4.1　世界のウミガメ類.

種名	学名	英名	分布
ウミガメ科			
アカウミガメ	*Caretta caretta*	Loggerhead turtle	世界中の熱帯・亜熱帯海域
アオウミガメ	*Chelonia mydas*	Green turtle	世界中の熱帯・亜熱帯海域
クロウミガメ	*Chelonia mydas agassizii*	Black turtle	東太平洋
ヒラタウミガメ	*Natator depressus*	Flatback turtle	オーストラリア北部
タイマイ	*Eretmochelys imbricata*	Hawksbill turtle	世界中の熱帯海域
ヒメウミガメ	*Lepidochelys olivacea*	Olive ridley turtle	世界中の熱帯海域
ケンプヒメウミガメ	*Lepidochelys kempii*	Kemp's ridley turtle	カリブ海・メキシコ湾を中心とした西部北大西洋
オサガメ科			
オサガメ	*Dermochelys coriacea*	Leatherback turtle	世界中の大洋

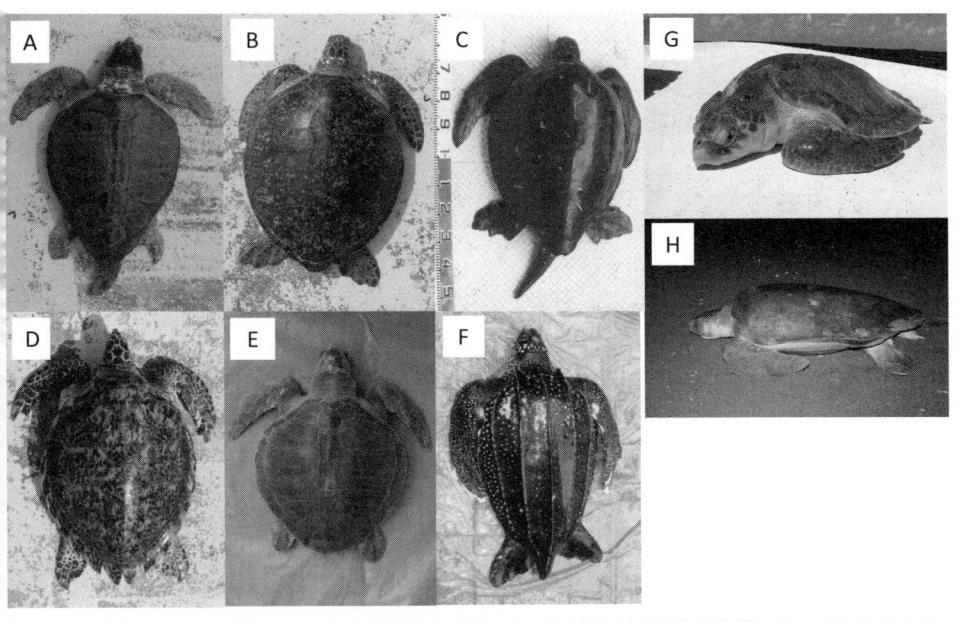

図 4.1　世界のウミガメ類. A-F は日本近海生息種, G, H は日本近海非生息種. A：アカウミガメ, B：アオウミガメ, C：クロウミガメ, D：タイマイ, E：ヒメウミガメ, F：オサガメ, G：ケンプヒメウミガメ, H：ヒラタウミガメ. (写真提供：A-F：沖縄美ら海水族館, G：Blair Whiterington, H：Colin Limpus)

ミガメというウミガメがおり，メキシコ沖などの東太平洋に分布し，最近は日本でもかなり出現している．これを独立の種とすれば8種になるが，アオウミガメの亜種とするほうが妥当のようである（Kamezaki and Matsui, 1995；亀崎, 2012）．7種のうち，ヒラタウミガメはオーストラリア沿岸，ケンプヒメウミガメは大西洋のカリブ海のみの分布で日本には存在しない．

したがって，日本近海にはこの2種以外の5種，1亜種が回遊分布していることになる．このうち，日本に産卵場が存在するのはアカウミガメ，アオウミガメ，タイマイの3種で，ヒメウミガメ，クロウミガメ，オサガメは日本国内での産卵場はない．

ウミガメが日本人にとって親しみ深い動物であるのは，海の動物ながら産卵のために海岸に上陸し，人の目にふれやすいこと，温和で人に対する攻撃性がないことなどがその理由であろう．人に対し，致死的な攻撃をする毒ヘビを含むヘビ類を嫌う人は多いが，ウミガメ，陸ガメを嫌う人はあまりいない．浦島太郎やウサギとカメの民話が存在する所以でもある．

アカウミガメは，北は茨城県から南は南西諸島で産卵する．ウミガメ類でもっとも高緯度で産卵する種であり，北太平洋では日本だけに産卵場が分布する．産卵場のない北アメリカ西岸沖に本種が分布回遊しているので，このカメたちはどこからきているのか，日本から，あるいは南半球のオーストラリアからやってくるのではないかという，アカウミガメ太平洋横断説が生じた．それを世界で初めて実証したのが沖縄本島生まれの稚ガメで，沖縄記念公園水族館（現・沖縄美ら海水族館）が標識放流した個体が，サンディエゴ沖やメキシコ沖で再捕されたのである．これについては「研究と保護活動」の項でくわしく述べる．

北太平洋での産卵は日本だけという点からも，日本を代表するウミガメはアカウミガメである．本種の肉はにおいがきつく，通常では食用にされていなかったが，地域によっては食べられていた．卵は男性の精力剤的効果ありと誤信され，九州では販売権の入札まで行われていたこともあった．日本以外での産卵場は，太平洋では南半球のオーストラリア北東部，大西洋ではアメリカの東岸，フロリダからノースカロライナ，およびブラジル沿岸であり，インド洋ではアラビア半島のオマーンと南半球の南アフリカの東岸である．

アオウミガメの分布はアカウミガメより南であり，日本では南西諸島の屋

久島，その南に連なる奄美，沖縄，宮古，八重山の島々と小笠原諸島に産卵場がある．産卵地はさらに南のフィリピン，マレーシア，インドネシアなどの諸国や太平洋の島々に広がっている．本種の肉や腹甲板を使用する肉料理と「タートルスープ」は欧米人が珍重し，大西洋の本種が乱獲されたという歴史がある．野生動物にとってその肉が美味であるのは，不利に働く例であろう．

　タイマイはアオウミガメよりさらに南方系で，産卵場は沖縄本島から南の南西諸島の島々にかけて存在するが，産卵の例数は非常に少ない．南西諸島は本種の産卵地の北限といえる．本種の甲羅はべっ甲細工の材料や飾りものの剥製標本として珍重されたので，生息域の各地で乱獲され，生息数が減少している．IUCN（国際自然保護連合）によりアカウミガメ，アオウミガメ，ヒメウミガメが「絶滅危惧種」に，タイマイ，ケンプヒメウミガメ，オサガメは「準絶滅危惧種」に，ヒラタウミガメは「情報不足種」に指定され，ウミガメ全種がワシントン条約の附属書Ⅰに記載されている．

　ヒメウミガメは世界の熱帯域を中心に温帯域にも分布し，日本近海にはまれに出現する．沖縄の久米島で産卵例があったようであるが，迷入的に来遊した例であろうか．

　オサガメは甲長が最大 2.5 m，体重約 1 トンの記録があるが，通常の最大値は甲長 2 m，体重 700-800 kg である．カメ類の最大種であり，体重は現存する爬虫類の中でもっとも重い．もっとも高緯度まで回遊し，サハリンやカムチャツカ半島沖，アリューシャン列島にも出現する．しかし，産卵は熱帯地域である．ほかのウミガメと異なり体は硬い甲羅ではなく，弾力に富んだ皮膚で覆われ，背面に 5 本，体側に 2 本，腹面に 5 本の盛り上がったすじ（キール）が走っている．高速で泳ぐ，遊泳力の強い外洋性で，ウミガメ中もっとも飼育が困難な種である．日本の定置網に入網する率はヒメウミガメより高い．巨大な体軀からして，浦島太郎を乗せて竜宮城に向かうにはもっともふさわしい種類ではなかろうか．

　ほかのウミガメはかなり狭い水槽でも適応力が高く，水槽飼育がむずかしいことはない．しかし，オサガメは水槽壁につねに衝突し，長期飼育が非常に困難である．ある程度の期間，飼育した記録は日本の水族館では数例だけである．最初の例は 1977 年，姫路水族館でマレーシア産の幼体が約 4 カ月

第 4 章　爬虫類——ウミガメ

表 4.2　日本のウミガメ飼育水族館と飼育点数（2011 年度）．

種名	小樽水	浅虫	男鹿水	加茂	新潟	上越	寺泊	大洗	鴨川	葛西水	品川水	新江水	八景島	三津	下田	魚津	能登島	越前
アカウミガメ	2		3	2	2	2	6	2	56			8		1	3	1	5	5
アオウミガメ(クロウミガメ)																		
アオウミガメ	3	8	2	2	6	1	1	2	6	4	3	6	7	4	6	1	9	11
タイマイ				1	1		2		4			2	1				1	1
ヒメウミガメ																		
アオウミガメ×アカウミガメ																		
タイマイ×アカウミガメ		1															1	
タイマイ×アオウミガメ																		
合計	5	9	2	6	9	3	9	4	66	4	3	16	8	5	9	2	16	17

生存した．2 例目は下関市立しものせき水族館で，1982 年に搬入した個体を 8 年 11 カ月飼育した．死亡時の甲長は 145 cm，体重は 315 kg であった．常時，コンクリート水槽壁にぶつかっていたため，頭骨が露出して欠損もしていたが，それでも餌を食べていた．3 例目は沖縄記念公園水族館（現・沖縄美ら海水族館）で，海水容量 3 トンのビニール製のマリンタンクで 1984 年に取得した個体を 6 年 2 カ月間飼育した（死亡時の甲長 110 cm，体重 110 kg）．接触面がビニールでも頭部には腫瘍ができ，観客への展示はできなかった．つぎの名古屋港水族館では，マレーシア産の直甲長 6 cm，体重 42 g の幼体で飼育を開始，1994 年から 2003 年まで 8 年 6 カ月飼育することができた．死亡時には直甲長 76.1 cm，体重 70.3 kg まで大きく成長した．しかし，展示水槽では衝突が多く，やはり展示することはできなかった（栗田，私信）．本種を観覧に供するには相当な工夫が必要で，現状では飼育展示困難種といわざるをえない．

　外洋性，高速遊泳種はほかの動物群でも飼育がむずかしい．サメ類ではアオザメ，エイ類ではヒメイトマキエイ，硬骨魚類ではカジキ類，イルカ類ではセミイルカ，イシイルカなどである．オサガメと同様，飼育には挑戦してみたい連中である．

　ところで，表 4.2 で見るように，飼育ウミガメ類には交雑種がかなりいるのには驚く．それも飼育下のひずみのような現象ではなく，産卵した卵を水

巻末の付表参照)

竹島	南知多	碧南	名港水	宮津	鳥羽	志摩	二見	串本	海遊館	須磨	城崎	姫路水	玉野	桂浜	足摺	宮島	下関	しまね	海中水	大分	長ペン	鹿児島	沖縄水	合計
3	19	3	32			2		83	13	2		9	5	7	1		1		2			8	102	388
	2									3													2	7
	7	5	4	1	4	6	1	41	1	6	3	2	4	5	3	2	3	1	3	5	2	6	126	323
	5		86		1	3		5		2		1	1			2			2	2	2		125	250
	1		2					1															2	6
	4																							4
	3																		1		1		17	24
																							4	4
3	41	8	124	1	5	11	1	130	14	13	3	12	10	12	4	4	4	1	8	7	5	14	378	1006

図 4.2 アオウミガメとタイマイの交雑種(沖縄美ら海水族館の飼育個体).

族館で育てたら，タイマイやアカウミガメの卵なのにアカウミガメとタイマイの両方の形態を示すカメが出現したというように，自然海でもかなり発生例数があるようである（亀崎，1983；吉岡・亀崎，2000）．沖縄の漁師（ウミンチュ）は昔からアイノコガメがいると話していた．タイマイとアオウミガメ（図4.2），アカウミガメとの混血というわけである．そして，「アイノコは中毒するから食べないよ」という．タイマイの肉による中毒は，八重山諸島でかなり発生していたからであろう．表4.2では，タイマイ×アカウミガメ6館24頭，タイマイ×アオウミガメ1館4頭，アオウミガメ×アカウミガメ1館4頭で，タイマイとアカウミガメの交雑種がもっとも多い．また，南知多ビーチランドでは交雑種が産卵はしたが，孵化はしなかったようである（亀崎，2000）．

　このウミガメの交雑種の問題は，遺伝や進化を論ずるうえでたいへん興味深い，未解決の大きな課題である．そして，これに関する調査研究の舞台では水族館の出番である．なぜならば，素性のわかっている個体を継続的に観察，調査できるという大きな利点を持っているからだ．研究者との共同研究に期待したい．

（2）飼育の歴史

　体重が100 kg以上にもなる水生動物で，生きたまま人間が入手しやすいという点で，ウミガメは非常に特異な存在である．産卵のため，一時的に砂浜に上陸する習性と温和な性質のためである．空気中でもしばらくは生きることができるし，収容する容器は小さくてすみ，使用する水も魚類のように水質の問題も少ない．

　このため，水族館が出現する以前でも，日本では「見世物」として人々の観覧に供した記録がある．古くは18世紀，1719年に京都，北野天満宮境内の「見世物」として「大亀」が展示された．種類やその他詳細は不明である．

　1770年，タイマイが大阪，道頓堀の「見世物」で展示された．タイマイはべっ甲細工の材料として昔から，ほかのウミガメとはきちんと区別されていたのであろう．1821年，種不明のウミガメが大阪の御霊神社境内の「見世物」で展示され，興行的に成功した記録が残っている．なにやら，その後の日本の近代水族館が各種博覧会の誘客装置として建設された現象の目芽え

のような気がしないでもない．1836年，東京，浅草の「見世物」で種不明のウミガメが大タライの中で展示された．1899年，浅草に開館した浅草公園水族館は，それ以前の1897年開館の日本最初の近代的水族館である神戸の和田岬水族館の海水濾過方式を採用した民営の水族館であるが，開館時にタイマイを展示していた．和田岬水族館でもウミガメ展示があったのではないかと思われるが，未調査であるため不明である．これに続き第5回内国勧業博覧会の一施設として，1903年に大阪府の堺市に堺水族館が開館した．これは和田岬水族館と同様な大規模な館であり，アオウミガメとタイマイの飼育展示をした．

20世紀初頭には大小さまざまな水族館が数多く開館した．当然ウミガメの飼育もあったと思われるが，未調査である．ただし，後述の1939年に作成が開始された日本動物園水族館協会の飼育動物の一覧表でも飼育例はわずかであるため，それほど多くないであろうと推定される．

1939年，同協会が発足し16動物園と3水族館が会員となった．水族館は中之島水族館（現・三津シーパラダイス），堺水族館，阪神パーク水族館であった．この年の協会の年報の飼育動物一覧表によれば，熊本動物園がアカウミガメ1頭購入とあるが，水族館での記録はない．1952年には名古屋市東山動物園アカウミガメ2点，上野動物園タイマイ1点，福岡市動物園種不明ウミガメ1点，1955年では，上野動物園アオウミガメ3点，アカウミガメ3点，豊橋市動物園アカウミガメ1点，堺市立水族館アオウミガメ2点といったところで，3園館9点であり飼育園館数もまことに少ない．

しかし，10年後の1965年には表4.3，図4.3に示すように，16園館331点が飼育されるようになった．1945年に第2次世界大戦が終了したのちに日本の水族館が復興を開始したのは1949年であり，戦後初の水族館ブームが始まり，その後，多くの地方自治体立の水族館が誕生した（鈴木・西，2010）．

表4.3 総飼育園館数と総飼育点数の変遷．

年度	1939	1950	1954	1956	1958	1959	1965	1970	1985	1995	2003	2011
園館数	1	1	2	2	9	12	16	32	49	52	49	43
飼育点数	1	1	8	11	39	82	331	394	736	888	893	1006

第4章 爬虫類——ウミガメ

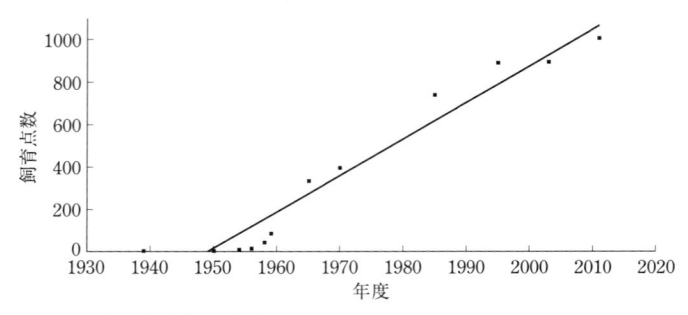

図 4.3 総飼育点数の変遷.

こうした流れで水族館数も増加し，ウミガメ飼育館も飼育点数も急速に増えたのであろう．しかし，展示技術的，展示効果的にはレベルが低く，側面ガラス越しにウミガメが観察できるようになるのは，10 年後の姫路水族館の水槽の出現を待たねばならなかった．

その後も飼育点数は右肩上りに増大し，2011 年には 1006 点に達した．甲長 1 m 前後，体重 130-170 kg にも達する日本の水族館の飼育ウミガメのボリュームと点数の多さは，水族館爬虫類の代表にまさにふさわしいといえるであろう．

日本のウミガメ飼育事始めは，どちらかというと動物園に始まり，都市動物園の小規模な付属水族館，さらには阪神パーク水族館（1935 年），みさき公園自然動物園水族館（1957 年），上野動物園水族館爬虫類館（1964 年）などの本格的な動物園付属水族館が開館した（鈴木・西，2010）．そのなかでは上野の館がウミガメにはかなり力を入れ，担当者が近くの採集地から小型トラックを駆って都内を輸送した話を聞いた覚えがある．ヨーロッパと異なり，日本ではその後，動物園付属水族館は発展しなかったので，2011 年には動物園でのウミガメ飼育は消滅した．

4.2 飼育・展示

20 世紀半ばにはかなりの水族館でウミガメが飼育されていたが，飼育環境は小さく浅い水槽が多かったため，大海に生息する動物の飼育としては動

物虐待的な状態が長く続いた．繁殖のためには陸上の産卵場が必要であるが，この点はまったく考慮されず，空しく水中に卵が産み落とされることもあった．水生動物は観覧ガラスを通して見てこそ，高い展示効果と研究的，教育的な効果を発揮できるものである．これも前述のとおり，1975年に姫路水族館が側面ガラス付きのウミガメ水槽を建設したのが最初であり，産卵場付きの施設は，1986年に串本海中公園センターにおいて初めて出現した．このように，水生爬虫類の代表であるウミガメ類がそれにふさわしい環境で飼育展示されるようになったのは，ごく最近のことなのである．

ウミガメ類の飼育園館数と飼育点数の変遷は上記の表4.3のとおりである．水族館の飼育動物，その他の関連事項について知るのには日本動物園水族館協会発行の年報・飼育動物一覧表（2012），「ウミガメの飼育」（鴨川シーワールド，2006），日本動物園水族館協会教育指導部編『新・飼育ハンドブック』（1）（1995），同（2）（1997），同（3）（1999），同（4）（2006）が便利である．以下の記述はこれらを参考にし引用もした．くわしく知りたい方はこれらの資料をご利用いただきたい（（社）日本動物園水族館協会　TEL．03-3837-0211，HP：http://www.jaza.jp/）．

（1）施設

前述のように，ウミガメ類の飼育展示施設として望ましい姿は側面ガラス付き，産卵場付きの比較的大型で透明度のよい飼育水を使用している水槽である．さらに，魚類などとの混合飼育ではなく，ウミガメ専用水槽がほしいものである．なぜならば繁殖のためには複数個体の飼育が必要であり，複数種を展示するほうがウミガメ展示としてはふさわしいからである．また，個体管理をして成長度調査や健康管理をするためには，飼育水を排水してウミガメを捕えて保定する方法が便利である．しかし，魚類との混合飼育槽では通常は排水が不可能である．もちろん，排水なしの状態で遊泳中のウミガメをタモ網で捕獲し，保定することはできる．

多数個体を何回も取り扱うには，排水可能槽での保定と遊泳個体捕獲の2つの方法の併用が望ましい．沖縄美ら海水族館のウミガメ水槽は多量取水のシステムがあるため，高い頻度での全量排水，多数個体の取り扱いが可能である．しかし，これはまれなケースで，通常日本の水族館ではウミガメ水槽

表 4.4 産卵用砂場付きウミガメ専用水槽の仕様（正式館名は巻末の付表参照）（鴨川シーワールド，2006より改変）．

園館名	表面積（m²）	水量（m³）	最大水深（m）	産卵用砂場面積（m²）	繁殖の有無
鴨川	50	45	1.2	100	無
新江ノ島[*1]	50	45.5	1.5	283	無
越前[*2]	45.5	80	2	14	有
南知多	86	50	0.7	15	有
名港水	136.8	310	2.5	100	有
串本	634	202	2	45	有
姫路水[*3]	54.8	70	2.5	35	有
大分	8.4	7.1	0.9	3	無
沖縄水	176	336	2	115	有

[*1] 2004年開設（寺沢ほか，私信）．
[*2] 2006年開設，アオウミガメ産卵・孵化：2010年，2012年（鈴木，私信）．
[*3] 2010年改修，2011年飼育開始，2012年アカウミガメ産卵・孵化（市川，私信）．

も閉鎖濾過循環方式が多く，海からの取水がなく飼育海水を運搬している館では排水が困難である．この場合，飼育水槽の水量と同じ容量がある貯水槽を設置していれば，全量排水が可能となる．将来的には，ウミガメ水槽の建設には全量排水可能——頻回取り扱い可能の施設が望ましい．

日本動物園水族館協会による2003年の調査結果では，ウミガメ飼育園館が47（動物園1，水族館46），ウミガメ専用水槽があるのは30館で，産卵用陸地（砂場）があるのは7館であり，飼育園館数の15％であった．2012年現在，ウミガメ飼育館は43館，砂場ありは9館となった．産卵用砂場のある館の水槽概要を表4.4に示した．入手が比較的容易であり，国内で産卵する国産ウミガメ類の飼育環境として，繁殖のための必要条件である砂場付き水槽を持つ館が少ないのは，なんとか改善したいものである（ウミガメ飼育館43館の17％）．

前述のように，日本の水族館において繁殖用砂場が出現したのは1986年の串本海中公園の館であり，9年後の1995年にアカウミガメの繁殖に成功した．1940年に上野動物園付属水族館や堺水族館が初めてウミガメの飼育を開始してから，じつに55年後のことになる．入手も飼育も容易な国産動物の飼育下繁殖に半世紀以上も要したとは，どうも水族館の怠慢というしかなさそうである．

くわしくは「繁殖」の項で述べるが，1994年4月末に沖縄記念公園水族館（現・沖縄美ら海水族館）で115 m^{2}の砂場付きウミガメ館が開設され，51日目にタイマイが産卵上陸し，孵化にも成功した．砂場の絶大な効力に驚き，喜んだのを昨日のように記憶している．交尾，受精は飼育下ではなく，いわゆる「持ち込み腹」で，自然海の受精であるが，3回の砂場上陸で合計322個を産卵，孵化・成育した仔ガメは，2012年現在でも18頭が生存している．同館の開設5年後にはアオウミガメの交尾，砂場上陸，産卵があり，飼育下受精の繁殖に成功した．また，1992年開館の名古屋港水族館では，11年後の2003年にタイマイの人工繁殖に成功した．こうしてウミガメ飼育元年から63年後に，やっと国産ウミガメ3種の飼育下繁殖が達成されたのであった．

　砂場開設後，繁殖に至る期間は前述のように5年，9年，11年と長いが，飼育技術や諸条件の改良により，最近ではかなり短縮された．2006年にリニューアル開設の越前松島水族館では，4年後の2010年にアオウミガメの産卵，孵化に成功．2011年の姫路水族館の新設砂場付きウミガメ水槽では，1年後にアカウミガメの産卵，孵化に成功している．ウミガメ専用水槽の望ましい水量と砂場面積であるが，3種の繁殖初成功の串本海中公園，沖縄美ら海水族館，名古屋港水族館の水量と砂場面積は各々200トン，340トン，310トン，45 m^2，115 m^2，100 m^{2}である．その他，南知多ビーチランドでは50トン，15 m^2，姫路水族館の新プールでは70トン，35 m^{2}でアカウミガメの産卵・孵化の実績があり，越前松島水族館では80トン，14 m^{2}でアオウミガメの産卵・孵化を達成している．大きな水槽が可能であればそれに越したことはないが，予算の問題はつねにつきまとうので，水量数十トン以上，砂場面積20 m^{2}以上ある施設であれば，繁殖も可能な望ましき規模といえよう．

　図4.4に沖縄美ら海水族館のウミガメ飼育施設の概要を示した．

　砂場作成に要する経費はそれほど高額ではない．新設，リニューアルの際は砂場付きの水槽にする例数が増加していけば，日本の水族館の展示用ウミガメ類がすべて自家繁殖による個体でまかなえる日も遠くないであろう．そして，これは調査・研究への貢献度も増すことになる．

　表4.4に示したように，ウミガメ専用水槽の最大水深はかなり浅く，すべ

図 4.4 沖縄美ら海水族館のウミガメ飼育施設. A:飼育施設の遠望. 中央メインプールの左に 3 基の副水槽. その海側が仔ガメ育成槽(写真提供:沖縄美ら海水族館). B:水槽全景(写真提供:宮地スタジオ).

て 3m 以下である. これで飼育に支障はなく, 繁殖もしているのでこうした傾向になっているが, はるかに深度がある海に暮らす動物であるウミガメ水槽の将来展望としてはもっと深く, せめて水深 5m くらいで飼育したいものである. そうすれば浅い水槽では見られない生態も観察でき, 採食, 交尾行動についても新しい知見が得られよう. 現在, 孵化した稚ガメは複数飼育をすると相互の咬み合いが多く, これを避けるために浅い「個室」水槽で

飼育，育成しているが，深い水槽でもやはり個室が必要なのか，煙突型の深い水槽でも咬み合いが起きるのか，5mの煙突型個室ではどんな行動をするのか，新しいことがわかりそうである．

(2) 餌料

野生動物を飼育するにあたって，まず，水槽内で採食するか否かが大問題であるが，望ましいのは野生状態でなにを食べているのか，つまり食性がわかることである．ウミガメ類の食性について，海外でいくつかの調査結果が報告されているが，それは最近の20世紀末のことである．それらによれば，孵化した稚ガメはどの種でも外洋の海表面で浮遊生物や海藻類の中に住む小動物を採食して育つ．その後，つねに外洋性で，クラゲ類を好んで食べる雑食性のオサガメ以外の種は暖海の沿岸部に移動分布し，タイマイはサンゴ礁域でカイメン類や種々のサンゴ礁の動植物を食べる．アカウミガメは軟体動物を主に，甲殻類，魚類，腔腸動物など，なんでもござれの雑食性である．ヒメウミガメの食性は主として甲殻類であるが，同じ海域のアカウミガメはヒメウミガメの好むカニ類よりも深い水深のアサヒガニを採食するなど，異なる食性でのすみわけをしているようである．アオウミガメは稚ガメ期の外洋生活から沿岸生活へ移ると，海草（海産顕花植物，アマモなど）や海藻を食べる草食性に変わるが，チャンスがあればクラゲなども採食するようだ．

このように，当然ながらウミガメ類は多種類の餌料生物を採食しているが，このようなことが念頭にないような昔から最近まで，水族館では魚類やイルカ，アシカ類に与えているアジ，サバ，イワシ，シシャモなどをウミガメ用の餌として使用してきた．草食性といわれるアオウミガメも魚食をしてくれるのである．

このことにまつわる沖縄での大失敗談を紹介しよう．ここでは，1994年の新ウミガメ館建設以前には比較的狭い水槽（砂場なし）でアオウミガメ10頭，アカウミガメ5頭，タイマイ7頭を飼育していた．問題は餌料であるが，主としてイルカ，魚類に与えるサバなどの調餌後の，つまり，イルカ，魚類には給餌しない捨てる部分の頭部，内臓をウミガメ用の餌にしていた．数年後，大量死が始まった．1990年の6月からの半年間で，アカウミガメ5頭，アオウミガメ7頭，タイマイ4頭の計16頭の突然死，数日間の異常後

に死亡する例が起きたのである．最初の数例では頚椎骨折があり，水槽壁への激突が考えられ，ほかに感染症の可能性もあった．解剖結果では全個体で肝臓に脂肪による黄白色化があり，血液検査ではトランスアミナーゼ，コレステロールほかの上昇があり，人間の成人病的な結果が出た．

　各臓器の病理検査では細胞に黄色の不明物質が存在し，これが心筋梗塞や脳卒中を起こす原因となった可能性も考えられた．肺，心臓には感染症像が認められた．この16頭もの大量死は突発的なものばかりであり，明確な死因は不明であるが，高脂肪餌料の長期間にわたる給餌が各臓器の機能低下をもたらし，それが心筋梗塞や脳卒中，感染症を誘発しやすくした可能性が推定された．いずれにせよ，われわれが与えた悪しき餌料のために16頭もの死亡が発生したことは明らかであり，ウミガメたちにたいへん申しわけないことをしたと大いに反省し，それまでの餌料は全廃して，イカや，魚はムロアジ，シシャモなどの低脂肪品質のものを選んだ．白菜などの野菜，ホンダワラなどの海藻も加えた．これにより突然死は終息した．新ウミガメ館では可能な限り大型化して運動不足の解消を目指し，よき餌料種の適正給餌を実施した．

　イルカ類で実施されている体重維持給餌量（給餌量/日/体重×100）は適正給餌量の決定に有益であるが，ウミガメ類では成体の個体管理例は少なく，アカウミガメ幼体での1.01%との報告例があるだけである（Njorman and Uchida, 1982）．沖縄美ら海水族館のタイマイ孵化稚ガメ20頭の実験では，急速に成長する月齢0.5-1.4で1日に体重の12%，月齢1.5-2.4では6.6%を採食した結果がある．前者では体重が4倍にも成長している．したがって，体重維持給餌量調査が健康管理上で意味を持つのは成長による体重増加が終了した成体に関する調査であり，今後のウミガメ飼育上の課題の1つである．

　日本の各水族館のウミガメ餌料に関する調査は存在しないので，沖縄美ら海水族館における給餌状況を以下に記す．成体に関して，メインプールでの粗放的な飼育ではあるが，よき飼育状況を示す指標である繁殖について，タイマイは自然海受精とはいえ建設直後の1994年中に水族館としては世界初の繁殖に成功，2012年には槽内受精の繁殖に成功した．アカウミガメ，アオウミガメも各々1995年，1999年に槽内受精で繁殖している．したがって，メインプールでのアオウミガメ，アカウミガメ，タイマイの成体4種20頭

について，この総体重1760 kgに対し，魚類，イカ類，野菜類の合計26.5 kg/日，総体重比1.5%を給餌してきたが，この給餌方法で概ね適正ではないかと考えている．

人工餌料のペレットは飼育水の汚れが少なく，取り扱いに便利なので，ウミガメでも使用されている．沖縄美ら海水族館では個体管理が容易なアカウミガメ幼体を材料として，適正餌料種に関する調査をしたので下記に記し，この項を終えることとする．

孵化後1年未満のアカウミガメの疾病発生率，死亡率が高いので，これらの低減を目的に実験を行った．2009年8月の孵化稚ガメを使用し，4種類の餌料ごとに25個体を個別飼育し，翌年3月までの8カ月間実施した．餌料は，①トラフグ用，②スッポン用の配合飼料，③ゴマサバとヤリイカのミンチ，④②と③の混合餌料，である．その結果，④のスッポン用配合飼料とミンチを混合したものが，死亡率，疾病発生率ともに0%であり，これが実験目的にかなう餌料であることが判明した（前田ほか，2012）．

（3）採集と輸送

ウミガメ類は各種漁業による混獲，つまり主として魚類を対象とする沿岸設置の大小の定置網，巻き網，底引き網，延縄で対象外のウミガメが捕獲される．水族館でのウミガメの収集は主として定置網によるものが多い．沖縄では，さらに素潜りのウミガメ獲り漁師による捕獲もある．定置網以外の網漁では窒息死していることが多いので，水族館向きではない．いずれにせよ，混獲はウミガメのほかにもイルカをはじめとする鯨類，鰭脚類，海鳥類もあり，いかにして多くの野生水生動物のむだな死を避けることができるのかは，人間がその智恵を振り絞らなければならない大問題の1つとなっている．

ウミガメは，漁業者にとって商業的価値はほとんどない．したがって，水族館の近くで混獲されたウミガメ類は比較的簡単に入手できる．数十年前には，九州以北では定置網に入ったウミガメは水族館へ無料で提供してくれるか，日本酒の1，2本のお礼で入手できた．輸送するのも簡単で，小型トラックに背を下にひっくり返して載せ，真夏の暑いときには水で濡らしたムシロを体にかけて運んだものである．1973年制定のワシントン条約もなく，ウミガメに対する保護的な考え方も存在しなかったころのことである．近年

ではウミガメ類の絶滅の危機が叫ばれ，上記条約のほかにも IUCN が刊行した絶滅のおそれのある野生生物に関する資料集であるレッドデータブックや，日本では環境省や水産庁のレッドデータブックでウミガメ類の生息状況の評価が行われ，収集するうえでも制約が加わるようになっている．

日本では，オサガメとヒメウミガメの取得には農林水産大臣の許可が必要で，その他の種類も国内法や各都道府県の条例や漁業調整規則などによる制約がある．沖縄では水族館が調査研究に資するためということで知事の許可を受け，漁業者から成体，亜成体の購入を行っている．

2003 年度の全国水族館に対する調査記録によれば，入手経路としては繁殖が 37% でもっとも多く，かなりよい方向に向かっていると評価できる．つぎが 35% の保護，採捕で，これは野生個体の入手であり，混獲によるものが大部分であろう．繁殖の種別ではアオウミガメが 40% でもっとも多く，アカウミガメ，タイマイが各々 34% でそれに続く．

ウミガメ類の輸送は，同じ肺呼吸でもイルカ類に比べれば容易である．体重が重くても頑丈な甲羅があるので，空気中での内臓圧迫はイルカより少なく，甲羅はイルカの皮膚より乾燥に対してはるかに強い．つねに水中生活をしているイルカに比べて，産卵期には長時間，空気中で過ごすウミガメの利点である．輸送は短時間であれば，昔のような荒っぽい方法でもよいが，長時間であれば水で湿らせた毛布で体を包み，軽い保定で動きを止め，適宜，散水をして乾燥を防ぐ．水の使える陸上の長距離輸送では，体高の半分程度の水を入れた浅い水槽も便利である．

（4）健康管理

野生動物の健康管理には，健康な個体のさまざまな生理値を知る必要がある．しかし，野生個体調査でこれを知ることは非常に困難で不可能な場合が多い．たとえば，イルカの呼吸間隔は定住型の種類ならば，目視観察や無線標識で多少の資料は得られるが，血液性状となると飼育個体調査に頼るしかない．事実，イルカの血液性状をはじめとする生理値に関する調査研究は，水族館の飼育個体を使用して飛躍的に発展したのであり，水族館の存在意義を高める機能の 1 つとなったのであった．

イルカの健康管理では，呼吸数，心拍数，採食状態，ショー行動，体温，

血液検査，細菌検査がすぐに思い浮かぶ．沖縄美ら海水族館での1990年の悪しき餌料による大量死の反省から，筆者らはウミガメの生理値調査を思い立った．まず呼吸間隔（潜水時間）であるが，驚いたことに簡単にできる測定作業の割にはこれといった報告例が見当たらなかった（1990年代の初めのことであるが，調査不足かもしれない）．そこで水族館の得意業である24時間観測を行った．アカウミガメ，アオウミガメ，タイマイの成体とタイマイの幼体を使った．1頭だけであるから，種差とはいいきれないが，呼吸間隔の平均値はアオウミガメが8分でもっとも長く，続いてタイマイ5分，アカウミガメ4.5分，タイマイ幼体4分であった．最長値はアカウミガメ1時間30分，タイマイ1時間10分，アオウミガメ約40分であった．海外の報告では，ケンプヒメウミガメが5時間潜水していた記録もある．

　つぎに血液性状であるが，日本での報告例はまったくなかった．国外ではアメリカでのアオウミガメ，アカウミガメに関するものが，わずかにあるだけであった．野生動物を飼育する場合，その種の通常値を知ることが必要であるが，その資料がない場合は飼育者が野生個体の資料を採取して，通常値を調べ，同時に飼育個体の正常な個体の通常値も調べて比較検討することが必要である．イルカがそうしたケースであったが，ウミガメもまさに同様な状況であった．通常値がわかって初めて，血液検査による異常の発見，病気の早期治療が可能になる．

　アカウミガメ，アオウミガメ，タイマイについて二十数項目の血液性状調査を開始し，現在も継続している．一見異常がなくとも，飼育個体は野生個体に比べ，総コレステロール，中性脂肪，トランスアミナーゼ（GOT，GPT）などが高値であることが判明してきた．人間の中高年の「メタボ」のようなものである．餌料種と運動量の問題であろう．なんらかの改善の手を打たねばならないと思う．調査したウミガメ3種で野生個体と飼育個体で検査値に差異があった例を表4.5に示した．成熟メス個体では繁殖期に総コレステロール，中性脂肪，カルシウムの値が上昇するので，これを除いた個体の値である．

　ところで，ウミガメ類の検査用の血液はいかにして，どこから採取していると思われるであろうか．体は硬い甲羅で覆われているので，頸静脈から注射針で採取するのである（図4.5）．1986年，アメリカの水族館でアオウミ

表 4.5　ウミガメ類 3 種の野生個体と飼育個体の検査値の差異（平均値）.

	アカウミガメ		アオウミガメ		タイマイ	
	野生個体	飼育個体	野生個体	飼育個体	野生個体	飼育個体
GOT（U/l）[*1]	172.7	255.4	135.4	255.4	71.7	113.6
GPT（U/l）[*2]	1.3	8.5	1.1	8.5	1.0	4.9
T-CHO（mg/dl）[*3]	206.4	320.4	238.1	320.4	114.7	385.7
TG（mg/dl）[*4]	127.8	168.5	79.6	168.5	27.7	146.7
BUN（mg/dl）[*5]	87.2	73.1	16.3	73.1	35.5	51.4
頭数	17	7	21	6	9	30
例数	17	22	21	24	9	42

[*1] GOT：グルタミン酸オキサロ酢酸トランスアミナーゼ.
[*2] GPT：グルタミン酸ピルビン酸トランスアミナーゼ.
[*3] T-CHO：総コレステロール.
[*4] TG：中性脂肪.
[*5] BUN：尿素窒素.

図 4.5　採血の様子.

ガメの若い個体で簡単に採血しているのを見せてもらい，感銘を受けた．負けずに日本でもやらなくてはと思ったのであった．1990年代の初めごろにおける日本での採血方法は，若年個体は頸静脈であったが，大型個体は保定がたいへんという理由で，腹甲板に穴をあけ，心臓へ注射針を刺して採血，あいた穴はエポキシ樹脂でふさぐという乱暴な方法を実施したものである．現在では大型個体でも注射針刺入時だけ人力で保定，後は歩き出してもそのまま採血できるようになった．背甲板中央前端から頭部へ向かう中央線近くの静脈から採血するが，血管の位置は種によって多少異なるので，獣医師や飼育係の腕の見せどころでもある．

アカウミガメ，アオウミガメ，タイマイの3種ともに亜成体，成体は比較的飼育が容易な水生動物である．しかし，卵から孵化した稚ガメの死亡率はかなり高い．これはさまざまな病気や相互の咬み合いによるもので，飼育水をはじめとした飼育環境の悪化にともなう病原微生物の繁殖による感染症が多いことが報告されている．とりわけ稚ガメでは眼疾患が多く，眼の近くに開口している体内に入った塩分を排出するための塩類腺の異常や眼瞼の浮腫，眼球腫脹があり，失明や死亡に至る．真菌，細菌などによる甲板のまわりが白く盛り上がる縫合白化症候群という感染症や体の種々の部位に起こる感染性の皮膚疾患が発生する．沖縄美ら海水族館のアカウミガメ幼体の死亡率は39.1%であった（2006-2008年）．

「餌料」の項で述べた適正餌料の検討では，餌料種による死亡率も調べ，スッポン用配合餌料にゴマサバ，ヤリイカのミンチを加えた餌が稚ガメの縫合白化症候群の予防や死亡率低下につながりそうであることがわかった（前田ほか，2012）．この調査の第2弾として，同じ4種類の餌料の成分分析をした．その結果，前調査の死亡率，疾病発生率との照合によって，ビタミン類，ミネラル類の不足が稚ガメ期の高い死亡率や疾病発生率に関与していることが判明し，その後の餌料種選択に有益であった（前田ほか，2013）．こうした実験は飼育することによってのみ可能で，野生個体の野外調査では不可能な分野であり，水族館が生物学に貢献できる機能の1つである．

（5）繁殖

飼育動物の繁殖は飼育状態がよい証であり，繁殖個体数の増大は野生個体

106　第4章　爬虫類――ウミガメ

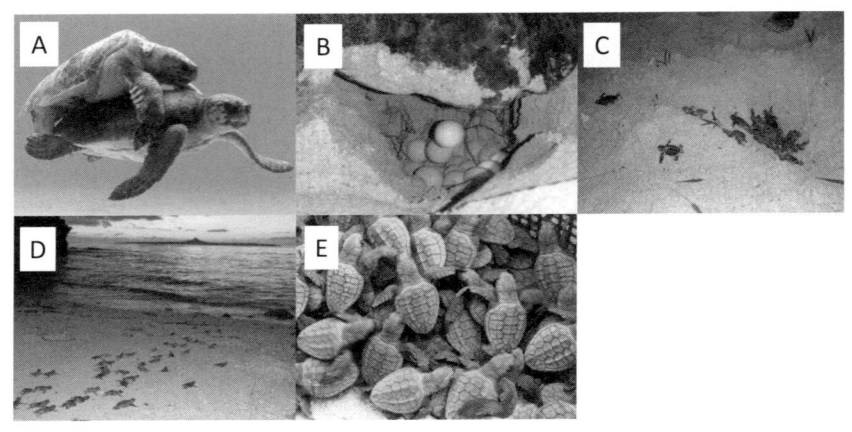

図 4.6　アカウミガメの繁殖行動．
A：交尾．オスはメスの上に乗り，四肢の爪を使ってメスを保定する．B：産卵．メスは上陸して産卵巣を掘り産卵する．C：孵化・脱出．孵化した仔ガメは砂中を登り，いっせいに地上へ脱出する．D：帰海．自然状態では海に向かって歩く．E：水族館の産卵用砂場では，ネット柵で回収する．

の取得数の減少にもつながり，水族館の技術水準の指標として高く評価される．そのため水族館飼育人生活におけるハイライトの1つといえる．交尾，産卵・出産などの一連の繁殖生態の観察，研究は生物学への寄与ともなりうるからである．

　中大型の水生動物としては，繁殖には陸地を利用するという点において，ウミガメは哺乳類の鰭脚類と似たところがある．アシカ，アザラシ，セイウチなどは交尾，出産を海浜で行うが，ウミガメは交尾は海中であり，産卵は砂を掘って砂中に埋めるところが少し異なっている．鯨類，海牛類や魚類は一生を水中で過ごすが，ある程度の期間，陸地すなわち空気中で過ごすことができる鰭脚類とウミガメ類は，水族館にとって飼育繁殖が楽なグループだともいえる．

　日本の代表的なウミガメであるアカウミガメの例で，一連の繁殖生態を紹介しよう（図 4.6）．

交尾

　交尾は産卵場周辺の海域で産卵の 1-2 カ月前，4 月から 5 月にかけて行われる．交尾姿勢はオスがメスの上に乗り，四肢にある爪をメスの背甲板の縁に引っかけて保定する．メスの総排泄孔へのペニスの挿入は，尾を曲げて尾の先端付近に開口している総排泄孔から，体長の約半分もある巨大なペニスを出して行う．交尾時間は長く，6 時間におよぶこともある．交尾中のオスに対し，ほかのオスが攻撃をして妨害することもあり，交尾中のオスの上に乗って保定してしまうこともある．沖縄のウミガメ潜水捕獲のウミンチュから，この三重連のアオウミガメを捕えた話を聞いたことがある．「一挙三得さぁ！」と笑っていた．

　水族館の飼育上は，この鋭い爪で柔らかいアクリルガラスに傷がつき，水槽壁面が粗いと爪の先端がすり減り，交尾時のメスの保定に支障をきたす懸念もある．

産卵・孵化・脱出

　産卵は 5 月から 8 月にかけて起きる．原則としてメスは夜間，砂浜に上陸して，波をかぶらない奥側に直線的に進み，後肢で産卵巣を掘り産卵する．産卵巣の深さは 30-60 cm であり，100 個前後の円形（直径約 4 cm，重さ約 35 g）の卵を産み落とす．1 シーズン中に 2-3 週間の間隔で 3-4 回の上陸，産卵がある．

　水族館の砂場は通常，自然の浜に比較して狭いので，壁寄りに産卵することが多く，せっかく産卵したのに後から上陸したメスに掘り返されることも起きる．そうした場合には卵を別の場所に移動するが，このときに卵の上下を逆転しないように注意する．これは逆転によって胚の正常な発達が阻害されるからである．

　孵化の日数は 50 日前後である．この日数は砂中の温度によって変化するが，特筆すべきは，ウミガメの性はこの温度によって決定される．アカウミガメでは，28℃以下ではすべてオスになり，30℃より高いとすべてメスになるのだ．これは「温度依存性決定」（Temperature-dependent Sex Determination ; TSD）と呼ばれ，爬虫類ではウミガメ 7 種のほか，陸生のカメ類，トカゲ類やワニ類でも確認されている性決定様式である．

水族館での自家繁殖時や，採集した卵の移動埋設時には，極端に砂中温度が変化しないような配慮が必要である．孵化は砂中で見ることができないので，孵化幼体が砂中を脱出して地表に出て，初めて孵化したことがわかる．孵化から脱出までは1-7日かかるといわれている．卵生の動物の場合，産卵から孵化までの期間を「孵化日数」というが，ウミガメの場合，孵化が観察不能であるため，「脱出日数」ともいわれている．

水族館での繁殖

水族館での最初の繁殖例には，日本動物園水族館協会から繁殖賞が与えられる．表4.6に示したとおりで，「施設」の項でも述べたように，受賞したのはアカウミガメ，アオウミガメ，タイマイの3種であり，ヒメウミガメはわずか4館6頭の飼育例しかなく，雌雄が1頭ずつそろっているのは名古屋港水族館だけで繁殖例はない．オサガメは飼育そのものが困難である．表4.6においてアカウミガメ，タイマイでの「人工」とあるのは，砂場に産卵した卵をほかの孵化場の温度調整設備がある砂場に移動して孵化したという状況を示す．

本賞の「人工繁殖」という定義は人工授精による例，哺乳類では親の哺乳がないために人工哺乳で育てた例，鳥類では親の抱卵行動不可のため孵卵器での孵化成育した例と思われるので，産卵巣を孵化専用の砂場へ移したことが「人工」に該当するのか，やや疑問が残る．日本の水族館の品格向上のためには，明確な規定作成と規定遵守が必要であろう．

表4.6　ウミガメ類の繁殖賞受賞記録．

種名	区分	園館名	繁殖年	砂場設置後経過年数
アカウミガメ	自然	串本海中公園センター	1995	9
アカウミガメ	人工	名古屋港水族館	2003	11
アオウミガメ	自然	沖縄記念公園水族館	1999	5
タイマイ	人工	名古屋港水族館	2003	11

繁殖賞：日本動物園水族館協会の制定．受賞条件は①協会加盟園館での事例，②加盟園館または日本の類似施設での最初例，③飼育下受精で，繁殖個体の180日以上生存例．

4.3 研究・保全・教育

（1）研究と保護活動

　水族館創設時に必要な研究的作業の第一歩は，館所在地周辺の海，河川湖沼，すなわち水圏にいかなる水生生物が生息しているかの調査である．まず文献調査を行い，つぎに実地調査ということになるが，日本の水族館の開館前というのは展示動物の収集やその他の作業がやたら忙しいため，飼育係が事前調査をする余裕がなく，開館して，1-2 年たって落ちついてからやっと実地調査開始という事例が多い．

　しかし，種数が多い魚類や鯨類と異なり，ウミガメ類は極端に種数が少なく，日本近海では 5 種の分布回遊が判明しているので，取り立てて「ウミガメ相」の調査の必要はなく，産卵場分布地域では産卵場調査ということになる．人間の生活圏の直近の砂浜で産卵するという特異性のため，ウミガメ類の調査研究は世界的にも産卵場周辺の個体を材料とする生態調査が多い．

　水族館のウミガメ類の生態調査としては，産卵場の調査，標識放流，ストランディング個体の調査などがある．水族館における研究として，沖縄での実施例で説明する．4.1 節で言及したように，沖縄産のアカウミガメ幼体の標識放流により，本種の太平洋横断が初めて証明された．1984 年 8 月に沖縄本島で産卵された卵を水族館で孵化育成，1985 年 7 月に本島北西 115 km の黒潮流域内に 100 頭を放流した．このうちの 1 頭，直甲長 17.5 cm の個体がアメリカのサンディエゴ沖の刺し網漁船で捕獲された．回収された金属製の標識がフンボルト大学のフリッチェ助教授から沖縄記念公園水族館に返送されて，太平洋横断が判明した（図 4.7）．1987 年 11 月のことであり，この幼体は 2 年 4 カ月，あるいはそれより短い期間で約 10600 km の距離を泳いで，アメリカ大陸に到着したことになる．この標識をウミガメから採取して助教授に提出してくれた青年は，漁船の漁師であり，同大学の学生でもあったが，残念ながら甲長の測定もしないで廃棄したので，目測で約 70 cm としか判明していない（Uchida and Teruya, 1991）．その後も 1988 年に沖縄本島直近の伊江島沿岸で放流したアカウミガメ幼体が，今度は 6 年後の 1994 年に前例より南のメキシコのカリフォルニア半島西岸に到着した．これで沖

110　第4章　爬虫類——ウミガメ

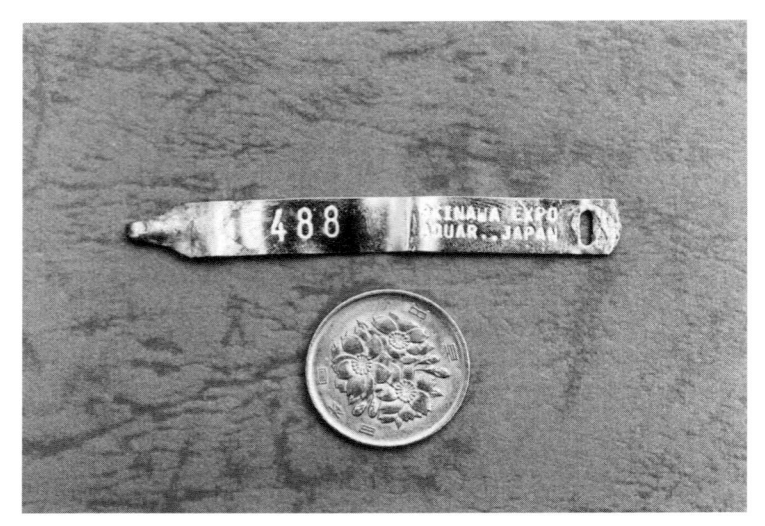

図 4.7　サンディエゴ沖に到達したアカウミガメ幼体から回収した標識.

縄産アカウミガメは，アメリカ大陸沿岸まで回遊可能であることが解明されたのである（図 4.8）．

　一方，メキシコ側からも 1994 年に標識されたアカウミガメが 1 年 5 カ月後に徳島県阿南市の定置網に入網した（亀崎，2000）．また，1997 年には衛星追跡の手法で，メキシコ発 1996 年のアカウミガメが日本沿岸に到達したことが判明した．こうして日本→アメリカ大陸が 2 例，メキシコ→日本が 2 例の太平洋横断が確認されたのである．

　沖縄では，アカウミガメの放流幼体がどの方向に向かうかも調査した（図 4.9；Uchida and Teruya, 1991）．1983-1987 年の 5 年間に 416 個体を標識放流，24 個体（5.8%）が再捕された．放流地点は沖縄本島沿岸 2，北西海域の黒潮流域外 4，黒潮本流内 1 の 7 地点であったが，24 個体すべてが放流点より北側であり，南からの再捕例は皆無であった．本島北西沖を黒潮は北東に流れているが，この流れに反する南-南西向けの反流がある．黒潮流域外から北側に向かうためには反流に抗して泳ぎ，黒潮に乗ったと考えられる．黒潮から屋久島南方で枝分かれして九州西方を北上して日本海に入る流れは対馬海流であり，本流は九州，四国，本州沖を北上し，房総半島沖で日本を離

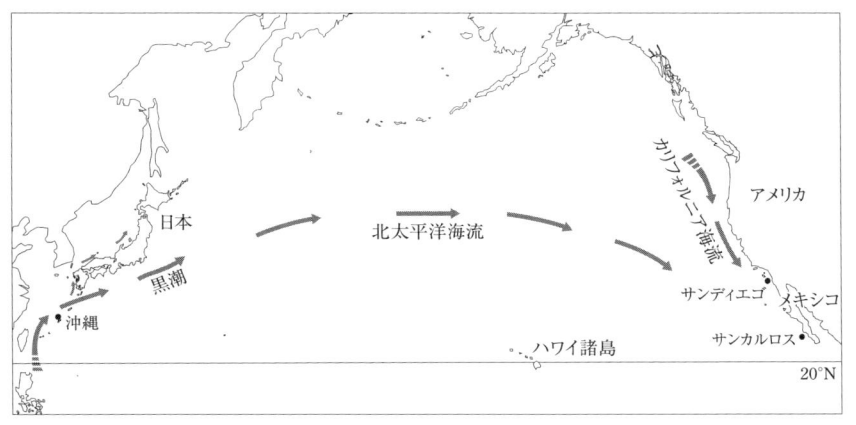

図 4.8 沖縄産アカウミガメの太平洋横断推定経路.① 1985 年 7 月沖縄本島沖標識放流,1987 年 11 月サンディエゴ沖到達.② 1988 年沖縄県伊江島沖標識放流,1994 年メキシコ,サンカルロス到達(Uchida and Teruya, 1991 より改変).

図 4.9 アカウミガメ幼体の海上放流.1984 年 3 月沖縄県伊江島沖.本例の 1 頭は国後島沖に到達.

れ東に向かう．再捕24例の内訳は対馬海流域17例（70%），黒潮流域7例（30%）で，前者がはるかに多い．

海流の流れ具合と比較するために，黒潮流域内から放流した100個体の放流時には，50個の自家製の漂流瓶も同時に流した．驚いたことには，ウミガメと瓶の挙動は非常によく似ていた．ウミガメは黒潮2例（29%），対馬海流5例（71%），瓶は黒潮2例（18%），対馬海流9例（82%）であった．

一方，本島北西20km沖の黒潮流域外で放流したウミガメ76個体，漂流瓶70個の場合は，ウミガメの再捕は8例（再捕率10.5%），8例すべてが沖縄より北側であった．これに対し，漂流瓶の回収数は39例（回収率55.7%）で，沖縄より北側では2例で39例の5%であるのに対し，南側での回収は36例で92%におよんだ（1例3%は回収地点不明）．

この結果は，瓶は反流によってほとんど南側に流れるのに対して，カメは前述のとおり反流に抗して北方に向かうことを示している．

このように所在地周辺にウミガメ産卵場が存在する水族館では，各種の調査が日本各地で行われている．ウミガメ産卵場は人間社会の直近に位置しているので，各種の団体やウミガメ研究会，大学，研究所などが単独，あるいは共同して保護活動，調査活動を実施している．したがって，水族館としてはフィールド調査もさることながら，水族館らしいこと，水族館しかできないことに重点を置くべきだというのが筆者の持論である．それはなにかといえば，氏素姓の判明している複数個体を継続して長期間研究材料として使用できる強みを活用することである．具体的には血液性状やホルモンなども含む生理学的な調査，疾病の予防，治療に関する獣医学，病理学，微生物学，栄養学などの諸調査，繁殖生理や生態，新鮮な死体を活用できる解剖学的な調査などなど，多岐にわたる分野である．これらを実施していく過程では，水族館では手に負えない課題も多く発生する．その場合は躊躇なく，病院，研究所，大学の指導，協力をお願いしたり，共同調査を立ち上げることが重要である．沖縄美ら海水族館で実施したいくつかの例を紹介しよう．

飼育動物は必ず死ぬ．死んだらきちんと解剖し，死因調査が必要である．肉眼解剖だけでは死因不明の例も数多くある．ウミガメの解剖にあたって，1990年代に沖縄美ら海水族館の獣医師たちが調べた範囲では，詳細なウミガメ解剖図が見当たらなかったのである．調査不足の可能性もあるかもしれ

ないが，生理値調査と同様に，生態調査が先行しているというウミガメ研究の状況を反映しているようでびっくりしたものである．

そこで獣医たちが以前からよく教えを受けていた順天堂大学の坂井建雄教授，小泉憲司講師にウミガメ解剖図作成のご指導をお願いした．その成果は2012年に出版された『ウミガメの自然史——産卵と回遊の生物学』（亀崎直樹編，東京大学出版会）において，「繁殖生理——生殖器官の形態と生理」（柳澤牧央）として表すことができた．ご興味のある方はご覧いただきたい．

日本の水族館では前例がないタイマイの烏口骨の骨折整復手術は，沖縄美ら海水族館の獣医師たちの母校である酪農学園大学の泉澤康晴教授に執刀していただき，さらにウミガメの生殖器内視鏡観察もご指導をいただいた．

超音波画像診断法は専門の知識と経験が必要であり，沖縄県内の病院で活躍している上江洲安弘超音波認定技師に種々ご指導していただき，有益な結果を得た．

感染症の治療に使う抗菌剤は，イルカの場合は人間や家畜の投与量を基準にして体重比で決めるが，いつも，それでよいのかと疑問を抱いていた．薬剤投与した後の，その血中動態，すなわち最高血漿濃度，それへの到達時間，消失半減期に関する日本での報告例はなかった．この件では大日本製薬株式会社の協力を得て調査した結果，使用した動物用ニューキノロン系薬剤については，家畜と同様の使用量を基準にしてよいことがわかって一安心できた．（植田ほか，2002）．

では，ウミガメではどうか．アメリカでの報告例はいくつかあったが，日本ではなかった．イヌ・ネコ用のセファロスポリン系の広範囲抗菌剤で，投与後，14日間も有効血中濃度が続く，野生動物には便利な薬剤を使用して実験した．哺乳類はミナミバンドウイルカ，爬虫類はタイマイ，魚類はイヌザメを使用し，前述のような血中動態を調べた．有効血中濃度の維持時間はミナミバンドウイルカ1-3日，タイマイ5日，イヌザメ1-2日で，いずれもイヌ・ネコよりはるかに短いことがわかった．（柳澤ほか，2009）．タイマイにはイヌ・ネコ効能書の3倍くらいの5日に1回の頻度で投与しなければならないことになるが，1日1回の薬剤に比べれば，ずいぶんと楽である．

タイマイのように絶滅が危惧され，しかも飼育下繁殖が他種に比べ困難なウミガメに関しては，繁殖促進のために人工授精の研究も必要である．人工

授精実施上，第1段階ともいえる精液採取の調査は，酪農学園大学の澤向豊教授のご指導の下で行った．その結果，精液採取に電気刺激が有効であり，採取状況と血中テストステロン濃度を調べて，タイマイの精子形成は1-3月がさかんであることがわかった（河津ほか，2008，2009；Kawazu *et al.*，2014）．また，タイマイは交尾排卵動物なので，人工授精には排卵の人工的な誘発が必要である．このためのFSH（卵胞刺激ホルモン）製剤の投与実験では，鈴木美和・日本大学助教のご指導，ご協力も受けて実施した．その結果，排卵誘起や卵殻形成にこの製剤が有効であることが判明した（河津ほか，2011）．つぎの段階として有殻卵を形成したタイマイを使用した実験では，哺乳類に陣痛促進の働きをもたらすホルモン，オキシトシンの投与が産卵を誘起することがわかった（河津ほか，2011）．タイマイはカイメンなどサンゴ礁に生息する生物を餌としているが，飼育タイマイには自然界での餌料種を与えにくいのが現状である．そこで，哺乳類や鳥類に繁殖障害をもたらすと報告されているセレン（岩盤，土壌に多く存在する物質）について，飼育個体と野生個体の血清による比較を調べた．その結果，タイマイでは飼育個体のセレン血中濃度が野生個体よりも有意に低下していた．この結果は，飼育個体の餌料種選定やほかの処方も考慮する必要を示唆している（木野ほか，2012）．こうして，大学研究者のご指導を得てタイマイの人工授精の準備的調査はかなり進んだ．早期の成功を期待しているところである．

　水族館のウミガメ研究には，フィールド調査にせよ飼育個体を材料とする館内研究作業にせよ，ウミガメ類の産卵場が近くに立地する館が有利である．研究材料とするためには，多数個体を飼育している状況のほうが便利でもある．1991年度の統計ではウミガメ4種，1亜種，3交雑種の飼育個体数の上位5館は沖縄美ら海水族館，串本海中公園，名古屋港水族館，鴨川シーワールド，南知多ビーチランドであり，いずれも比較的近くに産卵場が存在している．研究的状況の1つの指標になると思われる日本動物園水族館協会作成の『新・飼育ハンドブック』(1)（1995），同(3)（1999），同(4)（2006）におけるウミガメ関係の執筆者の所属館は以下のとおりである．「繁殖」串本海中公園，「餌料」名古屋港水族館，「病気」「生理」「展示」沖縄美ら海水族館である．

　前述の『ウミガメの自然史——産卵と回遊の生物学』の執筆者7名のうち

3名が水族館所属であるが，編者の亀崎直樹博士は後述の「日本ウミガメ協議会」の立て役者，会長であり，松沢慶将氏も同協議会の幹部であり，ともに京都大学での研究歴がある．したがって，所属館は須磨海浜水族園といっても，それ以前にウミガメ研究者であり，館の立地とは関係なさそうである．もう1人の柳澤牧央獣医師は沖縄美ら海水族館の所属であり，同館は立地する公園内のビーチにアカウミガメの産卵場があり，近くにはさらにアオウミガメ，タイマイの産卵場もある有利性と多数個体飼育の有利性を活用した調査研究の成果を著している．

　以上に述べたような水族館の特質を活用した調査研究結果の蓄積は，ウミガメの保護に有益な貢献を多少はできるであろうから，保護活動につながるともいえる．しかし，産卵地域での産卵生態や個体数調査，産卵場の保全活動は地域の市民によって長年にわたって実施されており，これはウミガメ産卵場周辺の市民活動として世界有数のものと評価されている（亀崎，2012）．

　日本各地のウミガメ産卵場は茨城県から沖縄県まで分布しており，日本の南西地域はその密度が高い．産卵場近くに立地する水族館では多かれ少なかれ，館外に出てウミガメ保護活動を独自に，あるいはほかの団体と連携して行っている．市民による調査で有名なのは徳島県日和佐町（現・美波町）で，中学校の近藤康男教諭が生徒とともに同町の海岸に産卵上陸したアカウミガメの調査を開始した．1950年のことで，この流れが発展し，1960年には町によって水族館がつくられた．これは日本最初のウミガメ水族館であり，1939年に熊本動物園が日本で初めてアカウミガメを飼育してから，わずか21年目である．筆者が沖縄に赴任した1970年代には，各地でウミガメ調査が行われていた．当時，琉球大学教授であった西脇昌治博士は世界的なクジラ学者であるが，先見の明があり，「ウミガメ屋」を1人つくるようにと，同大学の卒業生を紹介してくださった．それが照屋秀司氏であり，日本では数少ない水族館のウミガメ屋として成長した．

　その他，ウミガメの調査研究は前述のように各地で実施されており，産卵場が広域的に分布しているウミガメ類の調査は1人や2人の研究者だけの手に負えるものではなく，全体的にとりまとめる協会のような組織が必要だと痛感していたものである．これを実現したのが亀崎直樹博士である．亀崎博士は，名古屋鉄道株式会社系の水族館である南知多ビーチランド，八重山海

中公園センター研究所，京都大学を経て，現在は神戸市立須磨海浜水族園の園長であり，日本のウミガメ研究のトップに立っている．亀崎博士が，1990年に小笠原海洋センターの菅沼弘行氏とともに，食品製造業の村上健社長のサポートを受けて日本ウミガメ協議会を立ち上げた．ウミガメが産卵する地域で活動するさまざまの組織，大学，研究所，水族館などを網羅したすばらしい協議会となり，『ウミガメニュースレター』を発行するようになった．

ウミガメの寸法計測方法の統一や，同一標識の採用など，各地で個々の方法を採用していた事柄が統一され，年1回の集会には，各地の人々が参集し，有益な情報交換をしたり学術的な知識を得られるようになった．これは亀崎博士のだれとでもわけへだてなく接するよき人柄とカリスマ性，組織力の賜物である．よき指導者，組織者の出現で，野生動物の広域的な保護活動，調査研究活動が発展することになった世界に誇れる事例だと思われる．

（2）教育活動

ウミガメ飼育館では館内の教育活動として「ウミガメ教室」を開催し，理科教育，環境教育に資する活動を一般客，児童生徒を対象として実施しているところが多々ある．産卵場近くに立地する館では，産卵観察会や稚ガメの放流会を館単独あるいは地元の各種団体や学校と連携して行っている．ここで問題になるのは放流会の是非，放流会は保護活動といえるのか，教育活動なのかということである．放流会にもいろいろな実施方法があり，是非を決めるのは複雑な要素が絡み合って困難な問題であるが，近年の議論では保護活動というよりは教育活動ではないかというのが主流のようである．

1970年代の筆者の経験としては，当時のウミガメ研究者の言では，孵化稚ガメは捕食者（鳥類，魚類など）による減耗率が高く，孵化後，成体に達する率は0.2%くらいである．よって，1年ほど育成し，捕食率が低いと推定される甲長になった個体を放流するのは，生息数増加に資するので促進すべきであるということであった．回遊調査のためには孵化稚仔に標識したいが，小さい稚ガメに装着可能な標識がない．1年仔ならば可能な標識があるので，その金属標識をつけて放流するのがよいであろう，とのことであった．この指導にしたがい，沖縄美ら海水族館では1983-1987年の4年間で計7回，合計439個体の1年仔を放流した．このうちの1頭が先述のアメリカ到達を

果たした．その後も毎年，放流は実施した．しばらくすると同じ研究者からの発信で，一時成育後の放流は生息数増加につながらず，好ましくない結果となるからやめたほうがよいとの意見が聞こえてきた．

　筆者の見解は以下のとおりである．まず，最初の 0.2% の成体到達率ということは信用できない．場所により年によって孵化条件，稚ガメ成長の環境条件が異なるのに，全体的に 0.2% などといえるのか根拠に乏しい．おそらく，素人には理解できない統計学や高等数学を駆使して出てきた数字かもしれない．一方，放流否定の理由は，夜間帰海する孵化稚仔を人工環境で育成，あるいは産卵した卵を移植して育て，日中放流するのは自然に反し，悪い影響を与えるということである．極端な考えでは，卵，稚ガメの成育，放流は稚ガメの生存率の低下をもたらすとの見方もあるらしい（亀崎，2012）．しかし，こうした放流会否定の理由としてあげられている事柄も，実証されているわけではないであろう．この実証が現状で可能だとはとても思えない．

　素人の「お勉強」不足としかられるかもしれないが，こういうわけで，沖縄美ら海水族館ではその後も毎年，主として稚ガメの標識放流を続けており，最近ではウミガメ体験学習や放流会も実施している．沖縄には国際協力事業団が運営する沖縄国際センターがあり，開発途上国のたくさんの青年が滞在して各種の技術研修を受けている．名護市には公立の名桜大学があり，アジア，中南米諸国，その他の外国人留学生も多い．そこで放流会ではこれら外国人の研修生，留学生，地元小学生を招待し，外国人には国名と自国語の「ウミガメ」の単語をさけんでもらい，国際色豊かに実施しており，マスコミの取材もさかんで非常に好評である．参加国は 2008-2012 年で 39 カ国におよんでいる．

　ウミガメは多くの人々に，とりわけ児童生徒，幼児に人気が高い水族館の飼育動物である．各地で実施されている移動水族館でも，ウミガメは評判のよい動物で，ふれることによる損耗も少ない，数少ない水生動物の 1 つである．ウミガメは，動物虐待にならないよう細心の注意を払って取り扱うことにより，環境教育活動のよき材料として今後も大いに活躍できる水族館飼育動物である．

第5章 魚類
―― 軟骨魚類・硬骨魚類

西田清徳

5.1 水族館の魚類

　現在，世界中で広く参考とされている分類体系（Nelson, 2006）によると，魚類には515科27869種が含まれ（ヤツメウナギ類，ヌタウナギ類を除く），そのうち54科970種が軟骨魚類とされている．本書は分類学の教科書ではないので詳細は専門書にまかせるが，「魚類」というグループの定義自身も，現在ではあやふやになりつつある．従前の分類学において魚類は軟骨魚類と硬骨魚類を含み，硬骨魚類の中には条鰭魚類と肺魚類が含まれていた．ところが，近年では分岐分類学や分子系統学が勢いを増し，分類体系も分類群の名称も頻繁に変更されており，たとえば「硬骨魚類」といえば，その系統から分化した両生類，爬虫類，鳥類，哺乳類まで含まれることもある．ただし，系統類縁関係（種の分岐）をどのように分類体系に反映させるかについては異論も多い（池田，2011）．いずれにしろ，ここでは本書の趣旨から逸脱しないように，魚類（顎口上綱）には軟骨魚類（軟骨魚綱）と硬骨魚類（肉鰭綱，条鰭綱）が含まれると考えて話を進める．

　上記ネルソンの"Fishes of the World"は1976年の初版から数回の改訂を重ね，2006年のものは第4版である．その間，魚類の種数は増加の一途をたどり，1976年には18818種，1984年には21723種，1994年には24618種となり，2006年では27977種に達している（Nelson, 1976, 1984, 1994, 2006；比較のためにヤツメウナギ類，ヌタウナギ類も含めた種数）．30年間で魚類は1万種近くも増えたことになる．さらに，Nelson（2006）は2006年末には魚類の数は28400種に達するだろうとも述べている．もちろん，進化の過程で魚類に極端な種分化が生じたわけではない．これは，魚類を食料

の対象としてだけではなく科学的な研究の対象としてとらえる目が世界的に増え，魚類に関する分類学的な研究が精力的に行われたからだと思われる．

つぎに日本周辺に生息する日本産魚類について見ると，10年前には353科3863種が報告されている（Nakabo, 2002）．小さな島国ではあるが，日本の水域には世界中の魚類の15％近い種類が生息していることになる．太平洋の北西部に位置する日本列島は北からオホーツク海，日本海，太平洋，東シナ海に囲まれ，親潮（寒流）と黒潮（暖流）に洗われる，まさに芳醇な海洋環境に恵まれた小さいけれど広大な水域に面する島国なのである．実際に国土面積では世界で60位の日本であるが，200海里面積では世界6位になる．もちろん日本においても魚類を科学的な研究対象とする傾向は進み，日本産の魚類の数も世界の魚類と同様に，この10年間で着実に増え続けている（2012年9月11日現在で323種増加して4186種，日本魚類学会ホームページより）．

一方，食料の対象としても，ただ大量に漁獲できればよいという考え方から，守り育てる漁業が目指されるようになったのもこの時期だと思う．戦後，日本の漁業生産量は右肩上がりに増えてきたが，1984年ごろのピークから減少の傾向にあり，2009年にはピーク時の半分以下の543万トンとなった（平成22年漁業・養殖業生産統計年報より）．

このように魚類自体がさまざまな方向から見直されるなか，魚類を展示する水族館においても変化が生じてきたことは容易に想像できる．この章では，水族館にとってもっとも重要な展示生物の1つである魚類について，さまざまな視点から述べていきたい．

（1）軟骨魚類

この章の目次構成を検討する際，なんのためらいもなく「軟骨魚類」という項目を設けてしまったが，あらためて考えると，水族館において魚類をなんらかのグループに分ける方法はほかにもあったと反省している．「淡水魚」と「海水魚」や「生息する深さ」「環境」「海域」など分け方はいくつもあるが，ここは軟骨魚類に傾倒する筆者の個人的な好みとしてご了承いただきたい．

さて，水族館における軟骨魚類の展示であるが，54科970種と見積もら

れる（Nelson, 2006）彼らのいったいどのくらいが飼育・展示されているのだろうか．日本動物園水族館協会の資料によると，2009年度に加盟園館においてギンザメの仲間が1科2種，サメの仲間が21科82種，エイの仲間が10科45種で合計32科129種の軟骨魚類が飼育されている（短期間の飼育・展示も含む）．

　もう少し詳細に見ると，深海性の種が多いギンザメの仲間（全頭亜綱）はギンザメ目ギンザメ科に含まれるギンザメとスポッテッドラットフィッシュの2種のみが記録されている．このうち，スポッテッドラットフィッシュ（*Hydrolagus colliei*）は日本産ではなく，太平洋東北部，カナダからアメリカ沖に生息し，ギンザメの仲間としては比較的浅海部にも現れ，とくに夜間ダイバーに目撃されることもある．筆者が勤務する海遊館でも，カナダで捕獲された本種を飼育展示したが，オスが頭部背面にある頭部把握器（cephalic clasper）でメスの体を押さえて交尾する行動を何度か観察，その後，産卵，孵化，幼魚の成長も記録することができた（図5.1）．2009年度の記録

図5.1　スポッテッドラットフィッシュの交尾行動．

ではふくしま海洋科学館や東京都葛西臨海水族園でも飼育されており，2000年には東京都葛西臨海水族園が日本動物園水族館協会から本種の繁殖表彰を受けている．

一方，ギンザメ（*Chimaera phantasma*）は北海道以南の太平洋岸の水深90-540 m に生息し，定置網に入網した個体を入手して飼育展示に挑戦する水族館が多い．2009年度の記録ではアクアワールド茨城県大洗水族館，東京都葛西臨海水族園，新江ノ島水族館，下田海中水族館で飼育展示が行われている．

サメの仲間でもっとも多くの水族館で飼育展示されているのはメジロザメ目ドチザメ科のドチザメ（*Triakis scyllium*）で46館，ネコザメ目ネコザメ科のネコザメ（*Heterodontus japonicus*）43館，メジロザメ目トラザメ科のトラザメ（*Scyliorhinus torazame*）35館などである．これらはいずれも沿岸性で，入手やその後の飼育展示も比較的容易な種である．

さらに近年では，沖縄美ら海水族館をはじめとしてジンベエザメ（*Rhincodon typus*）など大型のサメ類を展示する水族館も増え（図5.2），海外から長距離輸送した日本沿岸では見かけないメジロザメ科のウチワシュモクザメ（*Sphyrna tiburo*）やテンジクザメ科のエポーレットシャーク（*Hemiscyllium ocellatum*）などの展示も行われるようになった．また，捕獲方法も工夫して，専用水槽も準備してツノザメ目ツノザメ科やヨロイザメ科など深海性サメ類の飼育展示に取り組む水族館も増えている．

エイの仲間に関しても，アマゾン河流域などに生息する淡水産のポタモトリゴン科（Potamotrygonidae）エイ類が観賞魚人気もあり多く輸入され，水族館でも展示されるようになった．また，特徴的な外見に興味を持つお客様が多いことから，ノコギリエイ科のノコギリエイ（*Anoxypristis cuspidata*）の展示も見られ，大型のトビエイ科エイ類であるナンヨウマンタ（*Manta alfredi*）やイトマキエイ（*Mobula japanica*）も水族館で観察できるようになった（図5.3）．エイの仲間でもっとも多く飼育展示されているのはアカエイ（*Dasyatis akajei*）の41館，続いてホシエイ（*Dasyatis matsubarai*）が36館，マダラトビエイ（*Aetobatus narinari*）が26館であった．

このように32科129種が水族館で飼育展示されているが，これは軟骨魚類全体の約13%にあたる．この数字が多いか少ないか，通常，大型で扱い

図 5.2　沖縄美ら海水族館のジンベエザメ．

図 5.3　大阪・海遊館のイトマキエイ．

にくく商品価値も低いため，あまり市場に水揚げされない軟骨魚類の飼育種数としては多いと筆者は思う．その理由の1つとして，大きな体，鋭い歯，凶暴な性格など人食いザメをイメージして，ある種怖いもの見たさの感覚を持った来館者の存在も無視できない．1975年に公開された映画『ジョーズ』の影響はいまだに大きいと筆者は感じている．

　くわしく調べたことはないが，各地の水族館が開催する企画展示のテーマを見ても軟骨魚類，とくにサメをメインにしたものが多いのはまちがいない．「怖いもの見たさ」は極論だが，人間だれしも大きなもの，強いものやおそろしいものに興味を持つのは当然かと思う．そこで，水族館では展示や解説を見たり聞いたり読むことで，来館者にほんとうの姿を理解してもらい，好奇心だけでなく多様な生物の世界に知的興味を持っていただけるように努めたい．

（2）硬骨魚類

　「軟骨魚類」の項で飼育・展示されている種数を述べたので，硬骨魚類に関しても日本動物園水族館協会に加盟している園館で飼育されている種数を数えてみた．結果は461科26899種（Nelson, 2006）の9％にあたる約2500種（亜種含む）であった（2009年度日本動物園水族館協会調べ，短期間の飼育・展示も含む）．詳細に調べたわけではないので，あくまでも筆者の推測ではあるが，この2500という種数は海外の水族館と比較してもかなり大きな数字だと思う．魚類は私たち日本人にとって重要なタンパク源であり，古くから食用として利用され，非常になじみ深い生きものである．そのため水族館の観覧通路では「あの魚，美味しそう」というお客様の言葉を聞くこともめずらしくない．さらに，魚が食用の対象とされてきたことが日本の水族館における展示魚種の豊富さや飼育展示技術の向上に役立ってきたのではないだろうか．これは「収集」の項でも述べるが，食用のために魚を捕獲する，すなわち漁業の発展が日本の水族館の発展を支えてきた要因の1つだと思うのだ．

　豊富な展示種類数だけでなく，日本の水族館における硬骨魚類の特徴の1つは，淡水魚の飼育展示かもしれない．北海道から沖縄に至るまで日本にはさまざまな環境の淡水域が存在し，島国であることも影響して，日本あるい

はその淡水域にしか生息しない固有種が多く見られる．また，それらの固有種が環境の変化に適応できず個体数が減少，絶滅の危機に瀕している．そのような状況を受けて，近年では各水族館が地元の淡水魚の飼育展示だけでなく，その保護や繁殖にも力を注いでいる（「保護活動」の項参照）．

（3）飼育の歴史

　水族館に関する詳細な調査を行った鈴木・西（2010）によると，世界最初の水族館は1853年，ロンドン動物園内につくられた「フィッシュ・ハウス」だとされる．鈴木・西（2010）は，その後の水族館の歴史を貴重な資料や写真とともに紹介しており，水族館を幅広く体系的に論じたこの大著は，その書名どおりまさに「水族館学」の教科書として，ぜひとも参考としたい．

　一方，魚類の飼育となると，その歴史は水族館の歴史をさらにさかのぼることになる．上記水族館の登場以前，西欧では王侯貴族が魚類や無脊椎動物をガラス容器に入れて観賞する趣味を持っていたようで，期間の長短は別として，これも飼育には違いない．

　魚類飼育の歴史はまだまださかのぼり，500年以上前の中国でキンギョが陶器で飼育され，わが国でも江戸時代にはキンギョ愛好が一般庶民にも広まり，金魚すくいも楽しまれていたようだ．コイの変種である錦鯉も19世紀には新潟で飼育が始まったとされている．

　21世紀となった現在でも，個人による観賞魚の飼育はむしろさかんとなり，対象魚種は多岐にわたり，その技術や工夫には驚くべき進歩が見られる．筆者の勤務する海遊館でもキンギョをテーマとした企画展示を行い，さまざまな品種を飼育したが，なかにはすり鉢状の容器で水流もない静水を好む品種もあり，定期的に行う換水に使用する水の性状（水質）にも非常に気を遣った覚えがある．数百年間，人から人へ受け継がれる思い，気に入った魚を健康で美しい状態に保とうとする情熱と工夫，これこそ飼育の神髄だと感心したものである．

　話を水族館の登場後に戻すと，当初の水族館では，ガラス製の水槽を台の上に置き，海から汲んできた海水を入れて生物を飼育することから始まっている（鈴木・西，2010）．もちろんこの方法で魚類を長く飼育するのはむずかしく，水中に溶け込んだ酸素（溶存酸素）の減少や水温の極端な上下，た

とえ餌を食べたとしても餌の残滓や排便による水質の悪化など，多くの解決すべき課題が発生する．これは，子どもたちが夏休みに田舎の川ですくった魚をバケツに入れたままにして，翌朝には全滅しているのと同じ現象だ．

このような状況を大きく改善させるのが，イギリス人ロイドによる砂濾過槽を組み込んだ循環装置の考案（1860年ごろ）で，水族館発展の重要なポイントとして多くの書籍でも紹介されている（鈴木・西，2010）．濾過装置など水質を維持するための工夫については後述（「施設」の項）するが，飼育の歴史，とくに水族館における飼育の歴史の原点となるのは「めずらしい生きものをこの目にしたい」という人々の好奇心だと思う．好奇心は「形を見る」だけにとどまらず，「なにを食べ，どのように暮らし，いかに繁殖するのか」など尽きることがない．それらの好奇心が原動力となり，よりめずらしい生きものをより長く飼育する歴史が刻まれてきたのだと思う．そして，飼育対象となる生物を収集する方法（漁業），水質を維持する技術，その生物に関する科学的知見の進歩も見逃すことはできない．

5.2　飼育・展示

一般に「飼育」といえば対象魚類に餌を与え，水槽を掃除して，水を換えることを想像するが，水族館における飼育では水槽の形，必要な水温調整範囲，濾過様式の決定など施設の設計にかかわる部分も含まれる．また，対象とする魚類を収集するのも飼育の仕事であり，漁船に同乗して集めたり，釣りや潜水で採集したり，ほかの園館と交換して必要な魚類を手に入れることもある．収集した魚類をできるだけ傷つけず，安全に水族館まで輸送することも飼育作業の一部である．

餌に関しても，給餌する魚類の嗜好や健康を考慮して，さらに必要なときに必要な量の餌を入手できるルートの確保や長期保管した場合の鮮度低下具合も把握すべきである．また，与えた餌を対象の魚類が必要だけ摂餌しているか，その後の排泄もチェックして成長の度合や体型も継続的に観察することが健康管理につながる．健康状態を把握するには個々の魚類の体表の状態，体色や呼吸数，行動パターンも熟知する必要がある．

こうした飼育に必要なさまざまな課題をクリアできたときに，対象の魚類

を水槽の中で長く生かすことができ，初めて水槽内での繁殖にもつながってくる．水族館ではこれらすべての項目が飼育の要素であり，目標でもある．

さらに，近年では水族館組織のうち，いわゆる飼育に携わる部署を「飼育部や飼育課」ではなく「飼育展示部や飼育展示課，展示研究課」などとする園館が多くなっている．これは，水族館の飼育に携わる者に，上記の飼育技術だけでなく，来館者に見ていただくための「展示」の工夫，対象生物に関する「研究」意識が求められていることと密接な関係を持っている．もちろん貴重な生物の命が最優先されることに変わりはないが，飼育に携わる者は来館者に背を向けて仕事に取り組むのではなく，片方の目は生物に，もう片方の目は来館者に向ける技量が求められる時代である．

また，最近の傾向を見ると，水族館の展示とは水槽を泳ぐ魚類だけでなく，その標準和名や学名，大きさや生息地，生態的な特徴などを示す解説（水族館では「魚名板」と呼ぶことが多い）はもちろんのこと，館内通路のデザイン，建物の設計，敷地全体のレイアウトまで含めた総合的なスケールで判断されることが多くなっている．

本章ではこうした認識のもとに，水族館における飼育・展示にかかわる各要素について論じていきたい．

（1）施設

前述したように，当初は動物園の一施設として一歩を踏み出した水族館であるが，現在では独立した施設として認知されるようになり，2013年1月現在，日本動物園水族館協会に加盟する水族館の数は66となった．この数年は大規模なリニューアルがなされたり，新たにオープンする水族館の話を聞くことも多い．

それでは，水族館を新たに設置する際に重要なことはなにか．津崎（2011）が述べるように，水族館施設を新たに設置する場合は基本構想，基本計画，基本設計，実施設計，建築工事，展示準備の順に進行する．どの段階においても大切なのは，関連するさまざまな立場の者が十分に時間をかけて，必要な情報を検討して，議論を尽くすことである．水族館のように大型の施設を設置する場合，もちろんやり直しは効かない．そして，忘れてはならないのが設置の目的である．目的なしに検討や議論を重ねても結果はつい

てこない．

　鈴木・西（2010）は，水族館とは「水族館という施設を有し，これを活用する機関」と定義している．また，鈴木・西（2010）が述べるように，水族館設置の目的は母体が私立であるか公立であるか，公立でも教育委員会，土木建設局，経済観光課など所管部署によって異なってくる．さらに立地条件や施設規模なども重要な要素である．一般に水族館の4つの使命といわれる「レクリエーション」「教育・環境教育」「研究」「自然保護」それぞれへの力の入れ具合，バランスが各園館によって微妙に異なるのだ．

　このように微妙に異なる目的のために設置される多様な水族館ではあるが，水族（水にかかわる生きもの）を飼育・展示する施設であるという基本は同じである．とくに水族の中心でもある魚類の飼育・展示を続けるためには，もっとも重要な環境である水質を対象魚類にとって良好な状態に維持することが必須であり，水質維持を可能とする設備を持った施設が必要となる．

　「飼育の歴史」の項で述べたように，水質の維持はたんなる水換えから始まり，砂濾過槽の利用で大きく可能性を拡大することとなった．当初の水族館は沿岸部に設置されることが多く，飼育水はポンプで海から汲み上げて利用し再び海に戻されていたが（取水設備も必要），水温の管理を行うためにも一定期間は同じ水を循環させる必要があり，そのために濾過槽は必須である．濾過槽の原理はロイドの考案による砂濾過槽が基本で，濾材である砂の中に水を通して浄化することにある．

　濾過槽には水中の浮遊物質を濾材の働きで除去する物理的濾過と水中のアンモニア態窒素や亜硝酸態窒素を濾材の表面に生じた細菌の働きで硝酸態窒素まで酸化する生物学的濾過の働きがある（石田，2010）．

　濾過槽の構造にも上部が開放式で，重力落下で通水を行うため濾過速度が遅く，濾過能力は高いが，広いスペースが必要な「重力式濾過」，密閉した濾過槽にポンプで圧力をかけて通水するため，濾過速度が速く，重力式濾過に比べ処理水量が多くスペースも小さい「圧力式濾過」がある．濾過槽の中に入れる濾材についても，接触面積を少しでも増やすために，多孔質の濾材が開発されたり，活性炭やpH調整にも有効なサンゴ砂も利用されている．

　また，浮遊物質の除去，アンモニア態窒素や亜硝酸態窒素の分解だけでなく，紫外線殺菌装置の利用やオゾン発生装置の使用による海水の殺菌消毒も

行われるようになり，近年ではプロテインスキマーを導入して，微小な泡の表面に有機物や細菌などを吸着させて泡とともに取り除く方法が積極的に導入されている．

この20年間，水族館の世界では水量1000トンを超えるような大型水槽を備えるところが増え，また，新鮮な海水の搬入が困難な内陸部にも海水生物を飼育展示する水族館が増えたため，海水の循環濾過技術や人工海水利用に関する研究も飛躍的に進んでいる．

（2）収集

飼育展示する魚類を収集するのも水族館の仕事の1つであることを前述したが，採集，交換，購入など具体的な収集手法の前に注意すべき事項を述べたい．それは魚類に限らず生物を収集する際，国内の法令や国際条約など関連するすべてのルールを遵守することである．ルールにしたがうのはいうまでもなく，むしろ環境や生物を守るためのこうしたルールの存在を周知するのが水族館の務めでもある．

収集に関連して，国際的にはワシントン条約（CITES）など，国内では文化財保護法など，その主旨や定める規則を十分に理解してしたがう必要がある．花野（2008）は国内における採集に関連する法令として水産資源保護法，漁業法，都道府県漁業調整規則，都道府県内水面漁業調整規則をあげ，採集に必要な許可申請の手続き例も紹介している．水族館では，これら法令遵守にとどまらず，金銅（2008）が述べるように，収集の計画において資源の持続的有効活用，自然との共存をつねに意識すべきであり，採集を行う地元の住民や漁業者の理解を得ることも大切である．

さて，収集の基本となるのは飼育技術者が実際に自然界で行う自家採集であるが，釣り採集や磯採集，潜水採集，館所有の船を利用した採集，漁船に同乗しての採集などさまざまな方法がある．自家採集の成果は実施する個人の技術，経験，知識に左右される場合が多く，そのため，水族館に勤務する者には必ず体験してほしい方法である．

目標とする魚類が生息する場所や時期，そこが法的にも採集可能で地元の理解も得られているか，漁船に同乗する場合，漁師の方との信頼関係が築けているか，実施予定の採集が危険をともなっていないか，対象魚を傷つけず

にもっとも効率的に採集するにはどのような器具を使えばよいかなど，一見地味な行為ではあるが，水族館の技術者が求められる自然や生物に対する包括的な理解と信頼できる人格なしには行えない採集である．もちろん漁船に同乗する場合は，魚代や必要な経費を支払うこともあるので，この場合には購入による収集に含められることもある．

ここで，漁業による収集について少しくわしく述べたい．金銅（2008）は，日本では古くから漁業が発達してさまざまな経験が蓄積されており，漁業者の話を聞くだけでも魚類の行動や餌付けのヒントが得られるとし，水族館と漁業者との信頼関係は長い付き合いを経て築かれたもので，新たな地域で漁業者による収集を行う際には，地元の水族館にもその状況を聞き，迷惑をかけないようにすることが必要だと述べている．

これは非常に大切なポイントである．筆者の体験でもジンベエザメの餌付けに苦労した際に，地元の漁師の方から「今は沖合にシラスがいるのだから，オキアミよりシラスを使え」との助言で，つぎの日には餌付けに成功した事例を思い出す．また，漁業者との信頼関係も，年に一度あいさつに行き収集を依頼するだけでは構築できず，実際に漁船に同乗して作業も手伝い，同じように汗を流すことで実り大きなものとなる．

さらに，水揚げを目的とした魚類と水族館の水槽で長期飼育展示を目的とした魚類の扱い方には異なる点が多く，漁船の上で飼育技術者が見本を見せることで漁業者が要点を把握し，その後もよりよい状態の魚類を入手できるようになることが多い．逆に，さまざまな作業を手伝う過程で，漁業者から状況に合ったロープの結び方や船上での動き方など水族館の仕事にも役立つ安全で効果的なテクニックを学べる機会が多いのも事実である．

これは筆者の主観であるが，日本の水族館における魚類の飼育展示は世界と比較しても，種類数や飼育技術などトップクラスであり，これらの多くの部分が漁業，とくに漁業者との信頼関係によって得られたものではないだろうか．海遊館では，日本動物園水族館協会の宿題調査の一環として，国内外の水族館に対して展示魚類の入手に関するアンケート調査を行ったが，やはり，日本の水族館における豊富な展示魚種は定置網漁に支えられる部分が多いと考えている．

話を収集の方法に戻すが，購入による収集には漁業者からだけでなく，専

門に魚類を収集する業者からの購入の例もある．とくに海外の魚類を収集する際には，目的とする魚類が生息する国で正式な採集の許可を得た専門家から購入することが多い．筆者の勤務する海遊館でも海外の収集専門家から魚類を購入したことがあるが，手続きに必要な提出資料の作成に辞書を片手に苦労した覚えがある．また，養殖の対象となっている魚類（ウナギやアユなど）の場合は業者から購入されることもあるが，秋山（2008）が述べたように，目的が水族館における長期飼育展示ではないため，取り上げの際や健康状態には十分な注意が必要となる．

つぎに展示生物を収集する方法として，ほかの施設との交換があげられる．たとえば，ある水族館では近くの定置網にマンボウが頻繁に入網，よい状態の個体を集めやすく，一方の水族館ではイヌザメが順調に繁殖している場合，双方の水族館でマンボウとイヌザメを交換して，それぞれ飼育展示を行う場合がある．この方法では，それぞれの魚類を搬出する園館が従来の飼育展示に関するノウハウを持っており，また，飼育条件下に慣れた個体を入手できるため，交換後の飼育展示も順調な経過を見せることが多い．

これまで魚類収集のおもな方法として採集，購入，交換について述べてきたが，その他の方法としてとくに希少な淡水魚では保護繁殖のため，また危険分散のために，ある魚種を複数の園館が協力して飼育展示することが多い．また，一般の方が飼育を続けられなくなった魚類，池や川で発見され明らかにだれかが放流したと思われる魚類，不法に国内に持ち込まれようとした魚類などを緊急保護するために預かる場合も増えている．

いずれにしろ，水族館にとって魚類の入手は欠くべからざる要素であるが，生物多様性を守ることの大切さが叫ばれる現在，採集という行為が引き起こす影響を正確に把握して，採集した魚類は可能な限り健康に長期間飼育を続けて繁殖に結びつけ，その間に得られた貴重な情報を保全活動に役立てることが基本なのはいうまでもない．

（3）輸送

これまで魚類の収集について述べてきたが，水族館が行う収集は館内の水槽における展示を前提としており，採集現場，購入先，交換先から水族館までの輸送は，どの場合にも必ず行われる重要な行為である．とくに収集や輸

送の際には対象魚類をハンドリングする必要があり，飼育技術者の扱いが，その後の飼育展示の結果を左右することが多いため，十分に気をつけて行わなくてはならない．

　水族館の裏の海で採集した魚類を館内の水槽まで運ぶのがもっとも短い輸送かもしれない．このようなときでも，小型の魚類ならバケツでもよいが，呼吸に必要な溶存酸素を維持するために最低でもエアレーションは行う．水温と気温の差があるならクーラーボックスを利用する．輸送水と収容予定水槽の水温や水質の差異があるなら時間をかけて水を混ぜるなど馴致を行う場合もある．また，どんなに短い輸送でも，対象魚を海から輸送容器へ，輸送容器から飼育水槽へと最低2回の出し入れが必要であり，その際には手や網などなんらかの方法で魚類にふれることが多いので，傷つけないように注意すべきである．

　筆者はこのバケツによる5-10分の移動の中に，輸送の際に注意すべき事項がほとんど含まれていると思う．対象魚のサイズによって輸送容器のサイズ，生息場所により輸送時間，行動パターンによって必要な装備も大きく変わるが基本的な注意点は同じであり，たとえ5分のバケツ移動でも疎かにはできない．

　硬骨魚類・軟骨魚類の輸送については『新・飼育ハンドブック』に総論（桜井，2008）や各論（佐名川，2008；長井，2008；浅井，2008；安永，2008；戸田，2008）として多くの参考となる事例が具体的に述べられている．上記の5分のバケツ移動から24時間を超えるジンベエザメの長距離輸送まで，各園館がそれぞれの経験と知識を活かして工夫したさまざまな輸送方法があるが，ここでは筆者の勤務する海遊館で行ったジンベエザメの陸上輸送の例を紹介したい．

　海遊館では1990年に専用の輸送容器を大型トレーラーに載せて，那覇港と大阪港を結ぶフェリーを利用して40時間を超える輸送を行って以来（図5.4），輸送容器の改善やさまざまな輸送方法を選択してきた．1997年，高知県土佐清水市以布利に海洋生物研究所を開設したころは，土佐清水港から甲浦港を経由して神戸青木港に着岸するフェリーを利用して約20時間の輸送を行っていたが，フェリー航路が廃線となった後は，プッシャーバージ（台船）をチャーターして大型クレーンで専用容器を台船に積み込んで研究

図5.4　フェリーを利用したジンベエザメの長距離輸送.

図5.5　プッシャーバージ（台船）を利用したジンベエザメの長距離輸送.

所から海遊館まで輸送した（図 5.5）．2010 年の 1 月には，輸送容器を野ざらしで甲板に置くことによる水温の低下を避けるために，内航船をチャーターして船倉に置いた容器の上に仮設小屋をつくる方法で，冬期の輸送に成功した（図 5.6）．

このように開館前から現在まで沖縄から大阪，高知から大阪，大阪から高知へと長距離輸送の回数は 10 回を超えているが，毎度前回の反省を活かした改善が続いている．大型で体重が重いのに内臓を保護する肋骨が未発達なジンベエザメは，海や水槽から取り上げるときにも，水ごと持ち上げ，できる限り体を傷つけない素材の専用担架（図 5.7）が必要で，持ち上げたときに魚体に無理な力がかからず取り扱いに便利な形状など，マイナーチェンジした個所は数えられないほどある．容器の形状や材質も重要で，基本は魚体を傷つけないことであるが，そのために新たに設置したクッションが浮力で浮き上がり使いものにならないため，けっきょくは人が中に入り緩衝材？

図 5.6 内航船を利用したジンベエザメの長距離輸送．

134   第5章　魚類――軟骨魚類・硬骨魚類

図 5.7　ジンベエザメ用吊り上げ担架.

の役割を果たしたこともある．

　容器のサイズも大きいに越したことはないが，トレーラーに載せる際には道路交通法で制限があり，もちろん総重量も考慮する必要がある．従来はおもにフェリーや船を使った海上輸送であったが，研究所から港，港から水族館までは一般道路を走るので，ほかの車両に迷惑をかけないように容器内の海水がこぼれない工夫も忘れてはならない．海上輸送の利点の1つとして新鮮な海水をふんだんに使えるが，容器内の水温と海の水温の違いにも注意が必要で，とくに冬期の輸送はむずかしくなる．

　また船を利用する場合，天候の良し悪しは重要なポイントで，時化がひどいと輸送自体を断念することもある．もう10年以上前になるが，輸送の途中で海況が急変して室戸岬をかわすことができず，ジンベエザメの体調を気遣いながら，何時間も風と波がおさまるのを待った経験もある．さらに，時化がひどく，輸送に参加したスタッフの半数以上が船酔いでダウンすることもあった．

　こうしたさまざまな経験や苦労の末，新たに取り入れた方法が陸上輸送である．2011年に搬入したジンベエザメは以布利の研究所から海遊館の太平

図 5.8　ジンベエザメの陸上輸送容器.

洋水槽まで大型トレーラーに載せた専用容器（図 5.8）に収容して運ぶことに成功した．輸送時間は約 10 時間で，海上輸送に比較するとかなり短縮できている．ただし，新鮮な海水を補充する手段がないので，海水を満載した大型活魚車と空の活魚車を併走させて，途中で汚れた海水を汲み出し，新鮮な海水を注入する作業を行った．輸送時間の短縮と季節や天候を選ばない手法は利点が大きいが，水質の維持など課題もあり，この輸送方法も実施のたびに改善していきたい．

（4）餌料

魚類の飼育・展示を行ううえで，水（水質維持）の重要性を前述したが，対象が動物である以上，水同様に餌が重要なのはいうまでもない．とくに水族館における飼育・展示下では，飼育技術者が与える餌が，魚類にとって唯一の栄養源となる場合がほとんどで，餌料を準備して（調餌）与える（給餌）仕事は，飼育技術者の重責である．谷村（2009）が述べるように，餌料

の必要条件は，栄養価に富み消化吸収しやすく好んで摂餌すること，生理的な障害を起こす物質を含んでいないこと，新鮮で安定供給が可能なこと，などである．

　水族館で扱う魚類は，一部の観賞魚や養殖対象魚種を除いて，そのほとんどが栄養面などくわしく研究されていないので，一番参考になるのは自然界でどんな餌を食べているかということだ．しかし，たとえ自然界の餌が判明しても，その餌をつねに必要な量だけ新鮮な状態で確保するのはむずかしい場合が多い．さらに，同じ種類でも成長段階によって餌の種類や大きさも変化し，季節によって食べる餌が変化する可能性も大きい．こうした問題に多くの水族館が昔から取り組み，試行錯誤を繰り返しながら，経験と研究にもとづいた餌料が与えられてきたのである．

　まず研究の課題となったのは餌の種類である．魚類にも肉食性，雑食性，草食性があり，季節や成長段階で食性が変化することもある．したがって，動物性餌料と植物性餌料が必要となり，それぞれ活き餌，生鮮餌料（冷凍も含む），配合飼料に区分できる．

　活き餌とは，まさに生きた状態の餌のことで，動物性ではゴカイやアカムシをはじめ小魚やエビなど，植物性では海藻などそのまま与える．また，稚魚に関しては口が小さいため，アルテミア，シオミズツボワムシなど小型の生きものを水族館で育てて与えることが多い．しかしながら，こうした活き餌をつねに必要な量だけ確保するのは非常に困難で，また，餌を飼育するスペースや人手も必要となる．

　十数年前に筆者が大分マリーンパレス水族館で聞いた話を紹介するが，当時，マリーンパレスではジンベエザメの幼魚を台湾から入手し飼育展示に取り組んでいた．その餌として，毎日，船を出してプランクトンネットを曳き，集めたプランクトン（まさに活き餌）を全長70 cm前後のジンベエザメに与えていたのである．その努力の甲斐があり，個体は順調に育ち，出産直後からの貴重な成長に関するデータが得られたのである．

　このほかにも，自然界から収集してきた魚類に初めて餌を与える場合，活き餌でないと餌付いてくれない頑固？な魚類の例もある．これは筆者の経験だが，2007年に高知県の定置網に入網したジンベエザメ（全長450 cm）は，土佐清水市以布利にある研究所の水槽に搬入後，これまで例外なく成功した

ツノナシオキアミやイサザ，シラスなどの生鮮餌料を与えたが，なかなか餌付けに至らず，さまざまな餌料を試したあげく，最終的には活きた小魚を食べ出し，その後は順調にほかの餌も食べるようになったことがある．このときには，魚類にも個体ごとの個性があるとあらためて痛感した．

一方，動物性の生鮮餌料としてはおもにマアジ，マサバ，シシャモ，キビナゴなどの魚類やエビ類，貝類，イカ類など多くの魚介類が使用されている．魚食大国であるわが国において，また冷凍技術も飛躍的に進歩した現在，これらの生鮮餌料を入手するのは従前に比べて容易になったのかもしれない．ただ，産地や漁獲方法，入手可能な時期，冷凍方法，保存期間，そして購入価格など，飼育技術者には，水産卸売・仲買人のような「目利き」が必要とされることがある．

ツノナシオキアミなどは釣り人にとっては便利な餌で，水族館にとっても飼育魚類の餌となるが，その使用目的によっては異なる保存処理が施されており，注意が必要となる．冷凍オキアミは解凍して空気にさらされていると瞬く間に黒っぽくなってくるため，酸化防止剤が添加されているものが多い．釣り餌には支障がない範囲でも，水族館で毎日，餌として与えると摂餌した魚の健康に影響が出る場合もある．

また，漁獲方法によっては，餌用に入手した魚の口や鰓の中に釣り針が入ったままのものがあり，丸まま餌として給餌すると釣り針も飲み込んでしまい，消化が進めば釣り針が再び食べた魚の消化器官を傷つける危険もある．そのため，水族館によっては丸まま与える餌の魚を金属探知機に通して検査することもある（図 5.9）．

こうした生鮮餌料を入手する方法はさまざまで，少量の餌なら地元の水揚げ漁港でじかに購入したり，雑魚と呼ばれ流通価値がないため捨てられる魚をもらってくることもある．また，大量に入手する場合は卸売市場などに依頼して，漁獲時期にまとめて購入し，その量によっては近くの冷凍倉庫に預けることもある．

通常，水族館では餌料の保管のため冷凍・冷蔵庫を所有するが，近年の水族館大型化にともない必要な施設として冷凍・冷蔵保管室を設置することが多くなった．筆者の勤務する海遊館にも約 20 m^2 の冷凍保管室があり，この中に約 1 週間から 10 日分の冷凍餌料を保管している．餌料種によっては 1

図 5.9　釣り針を検知するために使用される金属探知機.

年間分の餌を購入しているが,これは近くの冷凍倉庫に預け1週間から10日に一度,館まで運んでいる.

　こうした餌の入手や保管について少し気になることがあるので,ここに紹介したい.きっかけとなったのは2011年3月11日に発生した東日本大震災である.ご存じのように地震に続く津波の被害,そして原発事故による海洋汚染や電力供給問題など,今でも復興半ば,むしろ将来への不安は増大している感もある.とくに東北地方太平洋岸の漁業は壊滅的な打撃を受けており,持続可能な漁業はおろか,その存続にも課題が山積みだと思う.実際には,漁業従事者の減少,水産資源自体の減少など震災以前からの問題も多く,簡単に解決できるとは思えないが,餌だけでなく展示魚類の入手に関しても漁業に依存することが多い水族館にとって,持続可能（サステイナブル）という言葉がキーワードではないだろうか.

　一方,植物性の餌料となると,海藻や水草が中心となるが,入手可能な期間が限られるため,アオサなどを採集して冷凍保存することもある（谷村,2009）.海産魚類では,雑食性ではあるがアイゴ科やニザダイ科の魚類で草

図 5.10　魚類にレタスを給餌．

食性が強く，淡水産魚類ではコイ科のソウギョやハクレンが知られ，アユも川を遡上してきた幼魚や成魚は岩に付着した珪藻類を主食としている．筆者の勤務する海遊館では，サンゴ礁に生息する魚類を展示するグレートバリアリーフ水槽で，日に一度，レタス給餌を行っており（図 5.10），ときには乾燥ワカメを水に戻して与えることもある．また，新江ノ島水族館ではアユの飼育水槽に，屋外の水槽で付着珪藻を繁茂させた岩を入れ，補助的な餌とするとともにアユの食性や行動を解説する際に役立てている（谷村，2009）．

つぎに配合飼料であるが，これは養殖漁業の発展や観賞魚飼育がさかんになるとともに，それぞれ対象とする魚の栄養面や嗜好が研究されて多くの製品が開発されている．本項では動物性・植物性の餌料について述べてきたが，配合飼料には予め製造段階で動物性・植物性餌料を混ぜ合わせることも可能で，製品として販売されている飼料は活き餌や生鮮餌料に比べて入手や保管も容易である．榊原（2009）によると，本格的な配合飼料の開発は 1959 年にアメリカにおいてニジマス用のペレットで始まっている．

さらに，冷凍保存した餌料を解凍する際に失われるビタミンなども添加し

た飼料，動物分類群や種別の栄養要求も考慮した飼料が開発されている．日本ではコイやキンギョの餌として販売されてきた硬くて小さな粒状のペレットがなじみ深いが，ほかにも軟らかいペレットや口のサイズを考慮した粉末状の飼料も販売されている．漁業の将来とあわせて生鮮餌料の安定入手に関する不安を述べたが，今後も栄養学的な研究が進み，費用対効果もクリアした飼料が開発されれば，餌料全体における配合飼料の比率はさらに増えてくると思われる．

　ここまで餌料の種類を中心に紹介してきたが，その餌を食べるのは魚であり，口の大きさや形そして位置や機能も種によって異なるため，与える餌の大きさや与え方，給餌の頻度にも十分な注意が必要である．一般に仔稚魚や幼魚，スズメダイ科魚類のように成魚でも小型の種類やイワシ類のようにプランクトン食の魚類は，1日1回の給餌では餌が足りないことが多く，可能なら数回に分けて少しずつ与えることが好ましい．

　一方，大型のハタ科の魚類など，自然界でも毎日摂餌できない可能性が高い魚類では，毎日の給餌によって逆に健康を損ねてしまうこともある．筆者

図 5.11　マンボウに潜水給餌．

が勤務する海遊館の太平洋水槽には，ハタ科のタマカイやクエをほかの約60種の魚類とともに展示しているが，毎日の給餌により肥満化する場合があり，成人病によるドック入りと称して予備水槽に取り上げ，ダイエット後に展示水槽に戻すことがある．

また，同水槽にはマンボウを展示することもあるが，ほかの魚類に餌を奪われることが多いため，ダイバーが潜水して直接手渡しで給餌を行っている（図5.11）．水族館の展示水槽ではさまざまな魚種が限られた空間の中で同時に摂餌することになるため，個々の魚類本来の摂餌生態を調査したうえで，給餌方法を工夫する必要もある．

（5）健康管理

本項では水族館で飼育される魚類の健康管理について述べるが，たとえば第2章の哺乳類の場合と比べると，その飼育から健康管理の方法まで大きな相違点が見られる．哺乳類の場合には個体管理という言葉が使われ，各個体を識別して給餌量，摂餌量，体重など個体ごとに管理するのが基本であり，当然，健康管理も個体ごとに行われる．一方，魚類では水槽管理という言葉が使われることがあり，さまざまな事項を個体ごとに管理するのではなく，その水槽全体を一括して管理する方法が採用されてきた．

もちろん「個体管理」と「水槽管理」という区別は一昔前の考え方で，現在，各園館では魚類に対しても個体ごとの健康管理が行われるようになっている．ただ，1つの水槽に何万個体ものマイワシやカタクチイワシを展示する場合，個体識別は不可能であり，当然ながら群れ全体の健康管理を行うことも続けられている．

つぎに，魚類の健康管理とはどのような内容を意味するのか．ヒトの場合，健康を管理するといえば，規則正しい生活を送り，バランスのとれた栄養をとり，適度な運動を欠かさないことだろうか．さらに，定期的な健康診断，不調を感じたら病院で検診，必要なら処置を受け療養することも含まれる．水族館で飼育される魚類（もちろん自然界でも）が自ら上記のような健康管理を行うはずもなく，これらはすべて飼育技術者の仕事となる．とくに自然界とは異なり，気に入らなくても出て行くことができない人工的な環境下での生活となるので，対象魚の健康状態だけでなく，その環境すなわち水の管

理も忘れてはならない．むしろ，いくら健康な魚類でも，飼育環境である水の諸条件が適していなければ不調に陥るのは時間の問題である．

　ここで，魚類の健康管理に必要な水の条件と注意事項をあげると，水温，pH，アルカリ度，アンモニア，亜硝酸，溶存酸素量，塩分濃度などが代表的なものである．魚類に対する水温の影響は塚本（2009）にくわしく示されているが，とくに低水温による影響は摂餌欲の減退や行動の緩慢化に現れ，限界を超えると死亡に至る．

　一方，不適切な水質の影響はさまざまな形で現れる．pHは水素イオン濃度のことで，7.0が中性，通常海水は8.2-8.4を示す．pHに関してはpHショックという言葉が使われるように，急激な変化は魚類の健康に甚大な被害を与えることがある．また長期間，閉鎖式循環濾過システムで飼育を続けるとpHが徐々に下がり，同時にアルカリ度も低下する．アルカリ度とは，その水のアルカリ分の量を示し，酸を中和する能力（緩衝力）を表しており，アルカリ度が低ければpHの変化が起こりやすくなる．こうしたpHやアルカリ度の低下も飼育魚種によっては影響を受けるので，重炭酸ナトリウムや水酸化ナトリウムなどの注入でpHを上昇させたり，可能な限り換水を行う必要がある．

　残餌や排泄物に起因するアンモニアや亜硝酸，とくにアンモニアは毒性が高く，飼育水中には検出されないことが望ましい．また，飼育水の消毒や脱色を目的に使用されるオゾンも，非常に酸化力が強く魚類の鰓を傷めるため，つねに残留濃度に留意する必要がある．溶存酸素量は水中で鰓呼吸を行う魚類にとって大切な要素であり，とくに自然界より高密度に魚類を飼育することが多い展示水槽においては，循環が止まって酸素の補給が断たれると，短時間で酸素欠乏状態になるため，停電など緊急時のために酸素ボンベを準備するなどの対策も必要である．

　塩分濃度は閉鎖濾過循環方式の採用や人工海水の使用増加により重要な要素の1つになりつつあるが，元来，外洋域，沿岸域，汽水域など自然界でも海域により異なるもので，対象とする魚類の許容範囲を知っておくことも大切である．

　さらに，各園館における飼育技術の向上にともない，新たな水質に関する注意事項も明らかになりつつある．その1つが水中に含まれる微量元素の影

響であり，塚本（2009）はヨード不足が魚類に与える影響をくわしく述べている．長期間，換水率の低い水槽で飼育すると，とくに軟骨魚類では下顎の肥大が顕著になる．この症状はヨード不足に起因しており，換水率を高くしてヨード（ヨウ化カリウム）を添加すると下顎の肥大は見られない，という報告がある．現在では，この症状を防ぐために，ヨード分を含む板鰓類専用人工餌料もアメリカで開発され，筆者の勤務する海遊館においても板鰓類に与えている．

つぎに，魚類の健康管理に関して「水」以外の条件についても言及する．自ら不調を訴えることのない魚類を飼育するにあたり，もっとも大切なことは「不調の早期発見」であろうか．明らかに異常だとだれが見てもわかる状態になってからの対応では，間に合わないことのほうが多い．不調の微妙な兆しを見つけるためには，普段の健康な状態を十分に把握しておくことが必須条件である．

従来は，呼吸数，体表の状態，摂餌欲や摂餌量，行動パターンなどひたすら観察することが重要であった．しかし，近年は魚類に対しても採血を行い，その性状を調べることで健康管理に役立てようとする動きがめだってきている．海獣類のように長い歴史はないが，魚類に関しても定期的に血液を採取して，その種の正常値を把握するためだ．当初はジンベエザメなど大型の板鰓類に関して，沖縄美ら海水族館や海遊館が輸送の際に血液性状のデータを集め始めたが，担架に収容したストレスのかかる状態でのデータを通常値とはいいがたい．そこで，生け簀や水槽で飼育する個体の給餌中に，余分なストレスをかけることなく採血できるようにハズバンダリートレーニング（図5.12）も行われるようになった．トレーニングにより対象個体にできる限り負荷をかけずに健康状態を把握する試みは，一部の硬骨魚類でも手がけられている（図5.13）．

このような魚類の健康管理方法は始まったばかりで，十分な数のデータが集まっていないため，まだまだ健康時の正常値を把握するには時間を要する．しかしながら，日本中の水族館が多くの飼育魚類に対して精力的に取り組んで，その結果を共有・分析すれば，健康管理の大きな進歩となることはまちがいない．

図 5.12　軟骨魚類ジンベエザメの採血.

図 5.13　硬骨魚類ソイの仲間の採血.

（6）繁殖

本書で見るように，水族館で働く飼育技術者の仕事は多岐にわたるが，その1つの達成段階だと考えられるのが飼育展示生物の繁殖である．飼育技術者は対象生物を飼育するために，その環境を整え，適切な餌を準備して適量与え，健康管理に努める．このように書くのは容易だが，実際，毎日欠かさず実施するのは簡単なことではない．

そうした努力が実ったときに対象生物が繁殖行動を示し，産卵または出産し，その子どもたちが順調に育つ．これが繁殖で，飼育技術者へのご褒美といっても差し支えない．現にお客様から「飼育係になって辛いことは？うれしいことは？」と聞かれて，「担当の生きものが死ぬことと生まれること」と答える飼育技術者が多い．

日本動物園水族館協会では1956年に，地球上で野生生物がしだいに少なくなり，一部では絶滅の危機にさらされている現状に鑑み，加盟園館における飼育下繁殖技術の向上とその蓄積が生物学的記録の1つとして学術的に寄

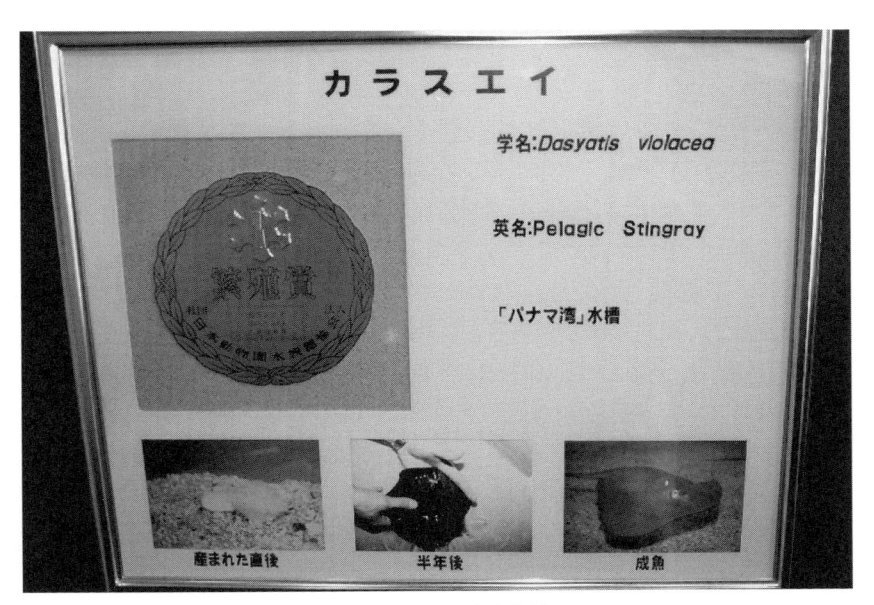

図 5.14　日本動物園水族館協会から与えられる繁殖表彰．

第5章 魚類──軟骨魚類・硬骨魚類

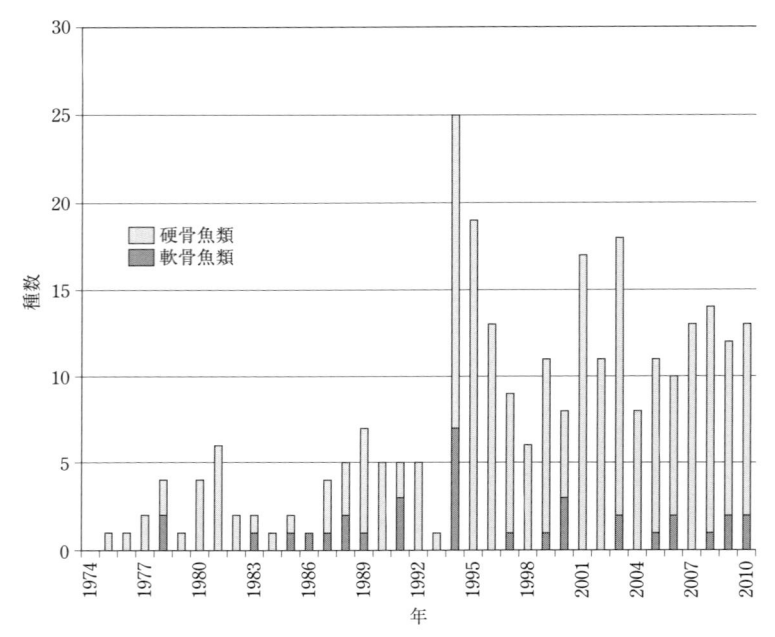

図 5.15 繁殖表彰を受賞した軟骨魚類と硬骨魚類の種数.

与することを目指して「繁殖表彰」を制定した（規定は1965年より施行）．その基準の概略は「加盟園館で飼育動物の繁殖に成功し，その繁殖が我国の動物園水族館において最初であった時に授与する」というものである．この繁殖表彰の受賞は担当飼育技術者だけでなく，その所属する園館にとっても名誉なことで，現在も多くの園館が繁殖表彰授与の際に協会から送られるメダルを対象生物の展示水槽や館内に展示している（図5.14）．

この繁殖表彰を獲得した魚類の数は，2011年の日本動物園水族館協会の資料によると軟骨魚類で13科35種，硬骨魚類で65科248種であった．ここで繁殖表彰の受賞年を見ると，軟骨魚類でもっとも古いのは1978年のトラザメとマダラトビエイで，いずれも沖縄美ら海水族館が受賞している．一方，硬骨魚類でもっとも古い受賞は1974年のクマノミで，京都大学フィールド科学教育研究センター・海域ステーション瀬戸臨海実験所水族館が受賞

している．

　本章の初めに述べたように，魚類には515科27869種が知られ，そのうち水族館では約2629種が飼育されている．地球上に存在する魚類の約1割が水族館で飼育され，その約1割の283種の魚類が水槽内で繁殖していることになる．繁殖表彰が始まったのは1956年のことで，細部基準では繁殖業績は戦後に限られ，協会加盟園館における繁殖であることなど，実際に国内で繁殖した魚類の数はもっと多いと推測できる．

　また，1974年のクマノミの受賞以降，年ごとの受賞魚類数を軟骨魚類と硬骨魚類に分けてみると（図5.15），年を追うにつれ受賞する魚類の数が増える傾向にある．これは，各園館が集めてきた従来の知見にもとづき，飼育技術が改善・向上され，さらには繁殖に取り組む飼育技術者の熱意が大きくなった結果だと思われる．

5.3　保全・教育・研究

　前節で来館者に見ていただく「展示」を意識した飼育・展示の概念を紹介したが，そもそも水族館は博物館の一形態である．1951（昭和26）年に制定された博物館法では，「博物館とは歴史，芸術，民族，産業，自然科学等に関する資料を収集し，保管（育成を含む．以下同じ）し，展示して教育的配慮の下に一般公衆の利用に供し，その教養，調査研究，レクリエーション等に資するために必要な事業を行い，あわせてこれらの資料に関する調査研究をすることを目的とする機関（以下省略）」とある．水族館はまさに生きた資料（生物）を扱う博物館なのである．

　さらに「日本の動物園水族館総合報告書」では，今後の動物園・水族館に求められるものとして，レクリエーション，保全計画，動物福祉，教育，研究の5項目をあげている（日本動物園水族館協会，2008）．

　このような状況の中，本節では日本の水族館で行われている保護活動，教育活動，研究活動について，実例も取り上げながら説明したい．

（1）保護活動

　魚類の保護と聞いて，一般の方が思い浮かべるのは「オオクチバス（ブラックバス）問題」や「メダカ存亡の危機」だろうか．本章の冒頭でも述べたように，1980年代に守り育てる漁業という言葉を耳にするようになるまでは，わが国に「魚類を保護する」という発想が浸透していたとは考えづらい．生物多様性を守ることの大切さが論じられる現代社会においてさえ，さまざまな生きものたちの生息環境として，海や湖，川などの保全に理解を示す人は多くても，その住人である個々の魚類に対しての興味はまだまだ薄いのが現状だと思う．

　一時期，テレビや新聞で頻繁に取り上げられたオオクチバス（ブラックバス）が食用，釣り対象魚として国内に持ち込まれて放流されたのは戦後のことで，その強い魚食性が生態系や漁業に与える影響を懸念して，無許可・無秩序な放流が禁止され始めたのは1970年ごろからである．ただ，その後も人為的な移動などに助けられ，オオクチバスは国内で生息域を拡大してきたため，2005年6月には「特定外来生物による生態系等に係る被害の防止に関する法律」においてオオクチバス，コクチバス，ブルーギル，チャネルキャットフィッシュが特定外来生物に指定され，その飼育，輸送，輸入などが規制されるようになった（2011年7月現在では，オオクチバスなど14種と増えている）．

　また，私たち日本人にとってもっとも身近な淡水魚であるメダカは水田や小川など生息域の減少や農薬の使用により，その数を減らし，2003年5月に環境省が発表したレッドデータリストでは絶滅危惧種に指定されている．時を同じくして，全国ではメダカの保護熱が高まり，川や池にメダカの放流が行われ，テレビや新聞でもほほえましい話題として「子どもたちによる放流の様子」が紹介されるようになった．しかし，すべてとはいわないまでも，これらの放流がメダカに新たな危機をもたらしていることは意外に知られていない．

　ここで，淡水魚の保護活動を進めるうえでとくに注意が必要な新たな問題を要約したい．本来，淡水魚は川や湖や池などほかの淡水域とは地理的に隔離された環境に生息しており，たとえ同種の中でも，その生息域ごとに遺伝

的に異なる個体群を形成している．もちろん地質学的な年代スケールで見れば，それらの隔離された環境が，将来，なんらかのつながりを持ち，2つの個体群が再び混ざることもあるだろうが，現時点では明らかに異なる個体群として存在しているのだ．このような状況を考慮せずに，同種だからと異なる生息域の個体を無秩序に放流することは，保護ではなく生物の遺伝的な多様性の破壊となってしまうのだ．

一方，世界に目を向けると，「絶滅のおそれのある野生動植物の種の国際取引に関する条約（ワシントン条約）」の附属書Ⅰ-Ⅲには約100種の魚類が載せられている．その内訳は軟骨魚類のアカシュモクザメなど約12種，硬骨魚類のヨーロッパウナギなど約89種である（2012年9月現在）．また，世界の絶滅のおそれのある種の現状や原因をまとめたレッドリストで知られる「国際自然保護連合（IUCN）」によると，2012年2月時点でごく近い将来における絶滅の危険性がきわめて高い（絶滅危惧ⅠA類）軟骨魚類は22種で，魚類全体では415種となる．

このような状況の下に，日本の水族館ではどのような保護活動が行われているのだろうか．ここでは日本産希少淡水魚の種保存に取り組んできた日本動物園水族館協会の「日本産希少淡水魚繁殖検討委員会」の活動を紹介したい．当委員会では1991年の設立以来，イタセンパラなど絶滅の危険性が高い日本産淡水魚類の繁殖や種の保存に取り組み，現在では全国34園館の水族館や動物園が19種の繁殖や種の保存に成果をあげている．

具体的には各対象種を担当する園館において，繁殖により100個体以上を保存（飼育）し，地域における遺伝的な変異も考慮して，1つの水系の個体群を複数の園館で保存するように努める．あるいは，各園館が情報を共有して繁殖マニュアルを作成，更新する．究極の目的が繁殖個体群の野生復帰の可能性を検討することにもあるので，繁殖は遺伝的多様性と遺伝的系統関係を考慮して行う．また，飼育下繁殖，保存のみに限らず，魚類の生息する水環境の状況を一般に広く紹介することも視野に入れ，各担当園館は対象種の展示および教育普及活動などを通じて自然環境保全の啓発に努める．このようなことが国内繁殖計画の目標とされている（2010年日本産希少淡水魚繁殖検討委員会報告より）．

2011年には，こうした各園館の20年におよぶ保護活動の内容や無秩序放

150　第5章　魚類――軟骨魚類・硬骨魚類

図 5.16　企画展示「明日へつなぐ日本の自然
　　　　――よみがえれ，日本の希少淡水魚」．

流が遺伝的な多様性を脅かすことを広く周知するために，関連する日本全国の水族館や動物園がいっせいに「明日へつなぐ日本の自然――よみがえれ，日本の希少淡水魚」というテーマの企画展示を開催した（図 5.16）．さらに，2012 年に南アフリカのケープタウンで開催された世界水族館会議の会場では，日本産希少淡水魚繁殖検討委員会の代表として岐阜県世界淡水魚園水族館の池谷幸樹氏が日本産淡水魚保全活動に関するポスター発表も行い（図 5.17），日本の水族館が行っている魚類の保護（保全）活動を世界に向けてアピールしている．

（2）生涯学習（教育活動）

　本項のタイトルを「生涯学習（教育活動）」としたことには筆者なりの理由がある．筆者は「水族館における教育」という言葉を使うたび，耳にするたびに違和感を覚えている．辞書で引けば「教育」の定義はさまざまだが，

図 5.17 世界水族館会議（2012年，ケープタウン）におけるポスター発表．

私の感性では，教育には受ける人と授ける人がおり，この言葉は「受ける人」より「授ける人」から見た言葉であると感じてしまうからだ．その点，「学習」といえば受ける人の主体性を感じるのだ．さて，筆者の屁理屈はさておき，お客様には「楽しんでほしい」「感動してほしい」「興味を持ってほしい」と願っている．それらなくして，水族館で見たり，聞いたり，読んだりしたことが心や頭に残るはずがないからだ．

　筆者は最近，アメリカの女性作家レイチェル・カーソンの本やその解説書を数冊読んだ．その中でもとくに印象に残っているのが，センス・オブ・ワンダーという言葉だ．1965年，彼女の死後1年で出版された本のタイトルが"The Sense of Wonder（センス・オブ・ワンダー）"である．この言葉は「神秘さや不思議さに目を見はる感性」と理解されている．彼女は「私が子供の成長を見守る妖精と話せるなら，世界中の子供たちに生涯消えることの無いセンス・オブ・ワンダーを授けてほしいと頼むでしょう」「センス・オブ・ワンダーは子供たちに自然にそなわっているのです．私たちはそれを新

鮮なまま保ち続けることが必要なのです」と述べている（多田，2011）．水族館における学習・教育活動というなら，このセンス・オブ・ワンダーを子どもたちが維持して大人になる手助けをすることではないかと思う．

　水族館で働く人ならだれもが経験していると思うが，子どもたちは好奇心のかたまりである．館内通路で，水族館スクールで，係員事務所に電話で，ありとあらゆる質問をぶつけてくるのは子どもたち．なにか1つ答えるたびにつぎの「なぜ？」「どうして？」と新たな問いかけが止まることを知らない．幼稚園や小学校低学年の団体と遭遇した一般のお客様は，黄色い歓声の中で子どもたちに遠慮しながらの見学となる．ところが高学年へと進むにつれ，館内を走るように通り抜け，ある意味，お行儀よく静かな短い見学となってしまう．なかには興味があってもっとじっくり見たい子もいるのだろうが，友だちの目を気にしてしまう．スクールの最中に質問時間を設けても，なかなか手があがらない．このような経験を持つ水族館飼育技術者は多いと思う．

　成長にともなうこのような変化は当然のことなのかもしれないが，そこでなんとか子どもたちの足を止めたり，手をあげてもらう，すなわちセンス・オブ・ワンダーを維持する工夫はないのだろうか．単純にいえば，神秘さや不思議さをどのように提供すればよいのだろうか．

　来館者の感性に訴えるためには，目で見る「視覚」だけに頼るのではなく，「聴覚」「触覚」「嗅覚」「味覚」も総動員するべきだ．水族館を教育の場としてとらえるなら，その教材は展示生物だけではない．たとえば，館内のデザイン，解説，スクールやツアー，パンフレットやガイドブック，スタッフの対応など，すべてが教材として利用される可能性を持ち，利用者の感性を刺激するようなものとすべきである．近年のお客様のニーズとして特筆される「体感・体験」は，まさに五感にもとづいた要望である．五感のうち「味覚」の体感・体験は，生きものを飼育展示する水族館の性質上，実現がむずかしい分野ではあるが，近年，社会でも取り上げられるようになった「食育」という概念の下に，施設内の専用水槽で釣った魚を自分で調理して食べる経験ができる水族館もある．

（3）研究活動

「『真理をきわめること』となるとやや大袈裟に聞こえ，飼育業務とはかけ離れているかのように感ずるかもしれないが，そんなことはない．日々の記録をしっかり取り，整理し，考え，担当動物の本当の姿，行動，生理などをしっかり把握し，他者の論文と比較し，未知の新知見をとりまとめれば，それが真理をきわめることにもなり研究というものであろう」．これは内田（2011）が水族館における研究についてまとめた際の序文である．内田（2011）が述べたように，水族館の飼育業務には日々「研究的作業」が必要となる．研究とは白衣を着て実験室にこもる者だけのものではなく，未知なる事象に対面する人ならだれもがそのチャンスを持っていることを最初に認識しておきたい．

　それでは，具体的に水族館においてはどのような研究が行われているのだろうか．これも内田（2011）の報告を参考にすると，1978年から1997年の20年間で動物園水族館雑誌に水族館から投稿された論文は96件（魚類だけでなく海獣類や無脊椎動物も含む）である．その前後の状況も含めて，魚類に関する論文の動物園水族館雑誌への投稿件数を数えてみると，雑誌が創刊された1959年から2011年までの52年間に126件であった．

　その他にも，1965年からほぼ毎年，日本動物園水族館協会に加盟する園館がさまざまなテーマでアンケートスタイルの調査を行い，その結果を宿題調査報告としてまとめているが（表5.1），そのテーマには魚類に関するものが多く見られる．なかでも沖縄美ら海水族館が2005年に行った宿題調査は「動物園水族館飼育者の論文投稿状況に関する調査」というテーマで，動物園，水族館の社会的機能・責務の1つといわれている学術研究の実態を把握するために行われたものである．沖縄美ら海水族館の佐藤圭一氏は調査を進めるにあたり，動物園水族館雑誌および各園館が独自に編集している雑誌・報告書などは除いて，各園館職員が著者に含まれている1975年1月から2004年12月の著作物を対象とした．具体的な調査項目は「原著論文・国際会議論文集・短報など・査読のない刊行物・書籍など」の類別，英文和文の別などである．当時160の日本動物園水族館協会加盟園館に上記アンケートが行われ，動物園は42.2%，水族館は72.9%の回答率であった．

表 5.1 日本動物園水族館協会，水族館技術者研究会の宿題調査テーマ一覧.

年度	タイトル
1965	海水魚飼育水温についての調査
1966	餌料についての調査
1968	水族館の解説法に関する調査
1969	飼育ウミガメ類の調査
1970	タコの飼育に関する調査
1971	魚類，無脊椎動物の輸送について
1971	海産哺乳類の輸送について
1972	イシサンゴ，ヤギ，ウミトサカの飼育
1973	日本の水族館の飼育展示施設の現況
1974	水族館における海水魚の産卵・育成
1974	魚の産卵に関する調査（淡水魚）
1975	水族による事故例について
1976	水族館の魚病について
1977	水族館で使用されている餌料について
1978	水族の体長と体重との関係
1979	水温
1980	本邦水族館所蔵稀魚類標本の調査
1981	軟骨魚類の飼育に関する調査
1983	魚病薬等について
1984	水槽の清掃管理
1985	水生節足動物の地方名
1986	海草類の育成と展示に関する調査
1987	飼育下板鰓類の現状把握と槽内繁殖
1988	海水循環ポンプについて
1989	イカの飼育について
1990	水族館における社会教育活動
1991	飼育水の取水について
1993	水生生物の長時間輸送
1994	生きた展示生物の収集と保管
1995	展示水槽中で繁殖する展示外生物とその利害について
1996	イカの飼育について
1997	水族館における海産硬骨魚類の繁殖に関する調査
1998	水族館における輸入魚類の実態調査
1999	水族館における初期餌料について
2000	水族館で使用している魚病薬の種類と使用例について
2001	水族館で飼育生物に使用される配合飼料について
2002	飼育下サメ類の現状把握について
2003	ウミガメ類の飼育
2004	動物園水族館飼育者の論文投稿状況に関する調査
2005	クラゲ類の飼育について
2006	マンボウ類の飼育と収集
2007	タッチプール
2008	サンゴ類の飼育状況調査
2009	動物園・水族館における淡水魚の飼育実態および希少種の保護活動に関する調査
2010	展示魚類の収集（特に定置網）について
2011	スキューバ潜水について
2012	水族館における学校連携教育プログラムの実施状況について

ちなみに水族館における学術論文の投稿数は1554件で，佐藤氏は国内の水族館において研究・調査活動が活発に行われていると述べている．ただし，学術論文数が多い上位10園館の投稿総数が水族館全体の70%を超えることから，偏りの存在も指摘している．また，集めた論文を10の研究分野に細分，水族館においてどのような研究が活発に行われているかを調べ，生態学，生活史，分類学，生物相の調査，初記録種に関する研究が顕著だとしている．これらの分野は，まさに水族館の飼育展示活動に密接な関連を持ち，活動自体が研究でもあることを表していると思う．

　「水族館は宝の山，宝の持ち腐れにするなよ」は本書の執筆者でもある沖縄美ら海水族館の内田詮三名誉館長の口癖で，私もそのとおりだと思う．さらに，水族館側から宝が埋もれていることを積極的に情報発信しないと，その宝を必要とする側に見逃がされることも多い．

　筆者が大学院生で板鰓類をテーマに研究を進めていた30年近く前，東京大学海洋研究所で開催された板鰓類研究連絡会（現在の名称は日本板鰓類研究会）のシンポジウムに参加した．シンポジウムのテーマは「板鰓類の分類および生態・生理」であったが，沖縄美ら海水族館から「サメ類の飼育について」と「水族館展示用サメ類の捕獲について」の2題の発表があった．当時の筆者は，まさに研究対象としてのサメやエイ類の標本を求めて「宝探し」状態であったため，すぐに沖縄の水族館を訪ねたものである．1985年に開催された「板鰓類の系統と進化および分類・生態」では，沖縄美ら海水族館以外にも下田海中水族館や東海大学海洋科学博物館も参加，発表している．さらに2005年の「板鰓類研究の現状と将来」には碧南海浜水族館・碧南市青少年海の科学館や海遊館など5館の水族館職員が5件の発表に名を連ねている．このように専門家が集う学会やシンポジウムに積極的に参加して，可能なら発表も行うことは各園館の情報発信となるだけでなく，最新情報の収集，人的ネットワークの構築など，その効果は測り知れない．

　2012年12月8日には筆者の勤務する海遊館において，日本板鰓類研究会のシンポジウムを共催で開催，翌日には上記研究会，長崎大学とともに日本板鰓類研究会フォーラムを主催した．1日目のシンポジウムは研究会会員による専門的な発表の場であるが，25件の口頭発表と8件のポスター発表のうち，水族館職員が関係する口頭発表は6件，ポスター発表が1件であった

156　第5章　魚類——軟骨魚類・硬骨魚類

図 5.18　日本板鰓類研究会フォーラムのパネルディスカッション（2012年12月9日）．

（沖縄美ら海水族館，下関市立しものせき水族館，海遊館）．翌日のフォーラムは水族館で開催することにこだわり，広く一般からの参加者を募り，研究者の方々にもわかりやすくサメの姿を伝えていただいた．また，全国3カ所から高校生（長崎県立長崎鶴洋高等学校，大阪府立茨木高等学校，宮城県気仙沼向洋高等学校のみなさん）のサメやエイに関する研究発表を行ってもらい，その後に高校生たちと研究者によるパネルディスカッションも開催できた（図 5.18）．

　数日後に，フォーラムに参加した高校生たちから丁重な礼状をもらったが，その文面から若い人たちの感激を読み取ることができ，水族館の仕事の大切さをあらためて認識させられたしだいである．

第6章　無脊椎動物
——脊椎を持たない生物

西田清徳

6.1　水族館の無脊椎動物（Invertebrata）

　前章の冒頭では分岐分類学的視点から「魚類というグループの定義のあやふやさ」を指摘したが，「無脊椎動物」となると「あやふや」というより「混沌」という言葉が適切で，グループを定義することは不可能に近い．強いていえば「地球上に存在する動物のうち，脊椎を持たない，すべての種（脊椎動物 Vertebrata 以外の動物）」であろうか．

　脊椎動物の場合は，進化の流れを反映する共有派生形質「脊椎を持つ」という特徴で定義されるが，それ以外のすべての動物に共有される派生形質はない．そのため「無脊椎動物」というグループはあくまでも便宜的なグループで，近年は分類学的に使われることが少なくなっている．しかし，分類学の専門家でもない限り，派生形質の共有など気にしないし，小さいときには学校でも「無脊椎動物・脊椎動物」と習った記憶があるため，この分け方はいまだに一般に広く受け入れられている．本章でも「無脊椎動物」という括りで話を進めるが，上記「混沌」の状況だけは頭に残して読み進んでほしい．

　少しややこしくなるが，現在地球上に存在する生物は「古細菌（アーキア）」「真正細菌（バクテリア）」「真核生物（エウカリオータ）」という3つのドメインに分けられ（Woese et al., 1990），そのうち，真核生物には6つの界（キングダム）が設けられ（Adl et al., 2005），いわゆる無脊椎動物は「オピストコンタ」という界に含まれ，植物は「アーケプラスティダ」という界に含まれる．また，30年ほど前に話題となった星の砂「ホシズナ」など肉質鞭毛虫門（有孔虫門）に含まれる生物は「リザリア」という界に含まれている．

私が学生のころには,「界（キングダム）」という分類名称が最上位であったと記憶するが,現在ではさらにその上に「ドメイン」という分類単位が提唱されている.このような上位の分類については,現時点でも統一見解が得られずにさまざまな説が乱立している.表6.1では,上位分類（真核生物）の一仮説に水族館で飼育される（日本動物園水族館協会,2009年調べ）生物を暫定的にあてはめてみた.正直にいって,学生時代に分類学で学んで以来,初めてお目にかかるという分類群名が多く,飼育展示された水族館において,種の査定にどれほど苦労されたかが一目瞭然である.飼育リスト（日本動物園水族館協会,2009年調べ）を見れば,目レベルまでは査定できても「科不詳」の種を散見し,なかには「目不詳」の飼育例もあるが,これは当然のことである.

　まず私たちヒトの目にとまりやすい陸上生物,また食用になり,ときには危険な生物に関しては古来から多くの知識が蓄積されており,当然,その生物に関する研究も進んでいる.ところが,「餌にも毒にも害にもならない生きもの」に関しては,生物学的な知見も少なく,分類群によっては研究者が存在しない場合もある.とくに本章の対象である無脊椎動物にはそのような分類群が多く,名前はもちろん,飼育例もほとんどなく,各水族館が捕獲した状況から,それぞれ類推した環境を整えて試行錯誤の飼育にチャレンジしてきたものも多いと思う.

　表6.1を見ると,水族館における飼育展示生物を含む門（phylum）のうち,その種数が多いのは刺胞動物門（約506種）,軟体動物門（約471種）,節足動物門（約518種）,棘皮動物門（約278種）である.この4つの門を合計すると約1773種となり,ほかの門の飼育展示種を含めても2000種を超える程度である.この種数を前章で述べた魚類の飼育展示種数（軟骨魚類が129種,硬骨魚類が2500種）と比べると,やや少ない.ただし,その母数を比較すれば,魚類は約3万種中の約2600種に対して,いわゆる無脊椎動物は110万種を超える中の約2000種であるから,いかに少ないかがわかると同時に,その希少性も感じられる.

　第5章5.2節で述べた日本動物園水族館協会の繁殖表彰の受賞数（2011年現在）を魚類と無脊椎動物で比較すると（図6.1）,魚類では1956年の繁殖表彰開始以来283種に対し,無脊椎動物では86種と,飼育下での繁殖に

表 6.1 3ドメイン（古細菌アーキア，真正細菌バクテリア，真核生物エウカリオータ）説にもとづく真核生物の水族館における飼育状況（界は Adl et al., 2005．飼育データは日本動物園水族館協会，2009 年調べより作成）．

ドメイン (domain)	界（kingdom）	水族館で飼育される生物を含む門（phylum）
真核生物	Amoebozoa アメーボゾア	なし
	Opisthokonta オピストコンタ 従来の動物界と菌界を含む	海綿動物門（カイロウドウケツやカイメンの仲間など 21 種）
		刺胞動物門（アンドンクラゲ，ミズクラゲ，エボシクラゲ，イソバナなど 506 種）
		有櫛動物門（カブトクラゲ，ウリクラゲの仲間など 7 種）
		扁形動物門（ミノヒラムシ亜目の 1 種）
		紐形動物門（シワヒモムシ）
		軟体動物門（ヒザラガイ，サザエ，オウムガイ，マダコなど 471 種）
		環形動物門（ウロコムシ，ケヤリムシの仲間など 24 種）
		有鬚動物門（サツマハオリムシ）
		ユムシ動物門（ユムシ）
		星口動物門（サメハダホシムシ）
		節足動物門（カブトガニ，シャコ，イセエビ，ホンヤドカリなど 518 種）
		箒虫動物門（ホウキムシ）
		腕足動物門（ミドリシャミセンガイ）
		苔虫動物門（アミコケムシの 1 種など 2 種）
		棘皮動物門（オオウミシダ，イトマキヒトデ，ガンガゼ，クロナマコなど 278 種）
		脊索動物門（マボヤ，ナメクジウオなど 21 種，＋脊椎動物）
	Rhizaria リザリア	肉質鞭毛虫門（ホシズナなど 3 種）
	Archaeplastida アーケプラスティダ 植物	なし（実際には植物を展示する園館もあるが，詳細情報が少ないためここでは「なし」とした）
	Chromalveolata クロマルベオラータ	なし
	Excavata エクスカバータ	なし

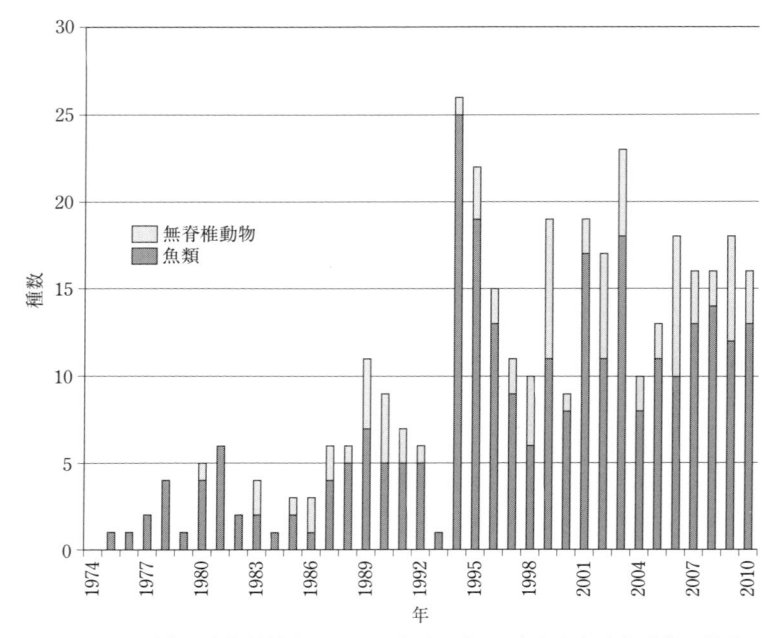

第6章 無脊椎動物――脊椎を持たない生物

図 6.1 日本動物園水族館協会から繁殖表彰を受けた魚類と無脊椎動物の種数.

成功した種数も魚類に比べて少ないことがわかる．これは飼育環境に関する情報さえ乏しい分類群にとっては当然のことともいえる．

　無脊椎動物でもっとも古い繁殖表彰は志摩マリンランドが受賞したミズダコ（1980年）で，続いて串本海中公園センターが受賞したスナイソギンチャクとハナイカ（いずれも1983年）となる．繁殖表彰を受賞したこれら86種の内訳は，刺胞動物門が35種，有櫛動物門が1種（カブトクラゲ），軟体動物門が12種，節足動物門が28種，棘皮動物門が10種である．やはり，飼育展示例が多い4つの門に属する動物において飼育下の繁殖例も多いことがわかる．

　以上，混沌とした無脊椎動物の分類学的現状と水族館における希少な飼育・繁殖例を述べてきたが，本章では以下に飼育・繁殖例の多かった4つの動物群（門）について，水族館における飼育展示のエピソード（苦労話）を交えながら概観する．

6.2 無脊椎動物の飼育

(1) 刺胞動物 (Cnidaria)

刺胞と呼ばれる針を備えた細胞を持つ刺胞動物には約7620種が記載され (久保田, 2011)，近年では形態や生活史からヒドロ虫綱，箱虫綱，鉢虫綱，花虫綱に分けられている (久保田, 2011). 水族館では箱虫綱 (アンドンクラゲなど)，鉢虫綱 (ミズクラゲ，サカサクラゲなど)，ヒドロ虫綱 (エボシクラゲ，マミズクラゲ，オワンクラゲ，カツオノエボシなど)，花虫綱 (ムラサキハナヅタ，アオサンゴ，ウミサボテン，ヒメハナギンチャク，スギノキミドリイシ，イソギンチャクモドキ，ヒダベリイソギンチャク，マメスナギンチャク，ムチカラマツなど) の約506種が飼育されている (日本動物園水族館協会, 2009年調べ).

この4つのグループ (綱) を少しくわしく見ると，水族館で飼育展示されている箱虫綱に属する生物はアンドンクラゲやハブクラゲなど4種である. このグループにはとくに毒性の強いものが多く，アンドンクラゲは傘径が3 cm，触手が20 cmほどで，夏場に黒潮とともに北海道近くまで北上して日本沿岸でもよく見られ，海水浴中の被害もあるために危険な生きものとして知られている. ハブクラゲは比較的遊泳能力が高く，6-10月に沖縄で見られる毒性の強いクラゲで，傘径が10 cmを超え，触手も1 m以上になる. 毎年，人が刺される被害が発生するため，沖縄県ではハブクラゲの発生注意報を発令するくらいである. 当然ながら，上記2種だけでなくクラゲには毒を持つものが多いので，飼育展示を担当する係員は，その扱いに十分な注意が必要である.

つぎに鉢虫綱であるが，体が箱型である箱虫綱に比べ，体が典型的な傘状を示すものが多い. このグループには大型になるクラゲが多く，沿岸域に大量に打ち寄せられ，人の目にもつきやすい. 代表的なのがミズクラゲで，傘径が30 cmに達することもあり，遊泳能力は低く，漁網に大量に絡まって被害を引き起こすこともある. 飼育展示を行う水族館も42館と非常に多く，クラゲが水族館の人気者になる以前から展示されている. アカクラゲも日本近海では多く見られ，25の水族館が展示している. 両種については各水族

館において累代繁殖が積極的に行われている．光合成を行う褐虫藻類との共生が知られるタコクラゲも本州中部以南に生息し，比較的静かな内湾で夏から秋に見られることが多い．本種は傘径が10-15 cmほどで，傘部分が丸みを帯び，8本の口腕を持つことから「タコ」クラゲと名づけられたようだ．水面近くを脈動しながら活発に泳ぐ姿はユーモラスでもあり，31の水族館で展示されており，1992年には江ノ島水族館が繁殖表彰を受賞している．

鉢虫綱には大型のクラゲが多いと述べたが，エチゼンクラゲは傘径が2 mにもなり，食用にも供される．近年は日本近海で大発生が報じられることが多く，底引き，定置網漁業に対する被害も甚大で，毎年，秋になるととくに日本海側の被害がニュースでも流されている．近縁のビゼンクラゲも傘径が80 cm，重さが20 kg近くに達する大型のクラゲで（図6.2），日本では有明海や瀬戸内海に多く見られる．ビゼンクラゲは古くから食用とされ，有明海では夏期にビゼンクラゲを対象とする漁業も行われている（図6.3）．これら大型の2種は捕獲や輸送も手間がかかり，収容水槽も大きなものが必要な

図 6.2　ビゼンクラゲ．

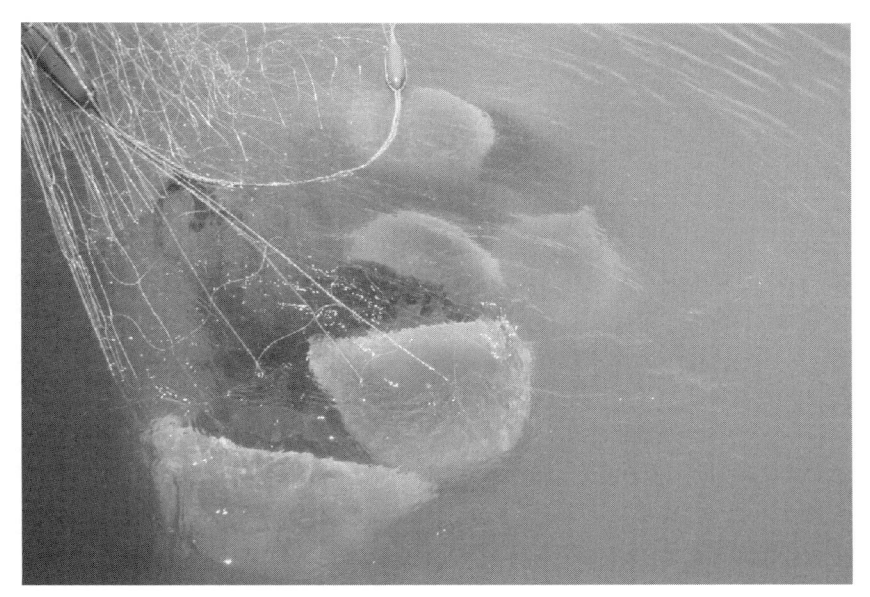

図 6.3 ビゼンクラゲ漁.

図 6.4 サカサクラゲ.

ため，数館のみで展示されている．

　もう1種，鉢虫綱の変わり種はサカサクラゲである．名前のとおり，普通のクラゲとは逆で，平らな傘の部分を下に着底することが多く，展示水槽ではガラス，アクリルパネル，壁面に吸盤のようにひっついている（図6.4）．クラゲとしては奇妙な本種の生態を紹介するために，飼育展示を試みる水族館は多く，31館の記録（日本動物園水族館協会，2009年調べ）があった．

　刺胞動物門の3番目，ヒドロ虫綱には非常に強力な毒を持つもの，淡水域に生息するもの，ノーベル賞に貢献したものなど，さまざまな生態や形態のクラゲが含まれている．強力な毒の持ち主はカツオノエボシで，刺されると強烈な痛みを感じ，ショック症状など最悪の場合は死に至ることもあるため，一般にも名前だけはよく知られているクラゲである．このクラゲは本州の太平洋岸にカツオと同時期（春先から初夏）に現れるため「カツオの烏帽子」と呼ばれる．烏帽子にたとえられる透明な浮き袋状の部分は10 cm前後で，海面に浮かび，海中に伸びる触手は10 m以上にも達する．この触手の表面にたくさんの刺細胞が分布し，触手になにかがふれると刺胞という強烈な毒の針が自動的に発射される．さらに本種が特徴的なのは，上述のカツオノエボシはヒドロ虫と呼ばれる個体（形態的な分化も見られる）が多数集まってつくられた群体であることだ．このように体の構造だけでも興味深い特徴を持つカツオノエボシだが，2009年に飼育展示を行っていたのは新江ノ島水族館だけである（日本動物園水族館協会，2009年調べ）．

　つぎに淡水産のクラゲであるが，日本ではマミズクラゲ（傘径2 cmほど）が知られており，4つの水族館で飼育されている（日本動物園水族館協会，2009年調べ）．自然界では流れのない止水域で水温が低下する夏から秋に大発生することがあり，農業用のため池など人の目にもとまりやすく，新聞やニュースでも紹介されることがある．

　筆者の勤務する海遊館でも2011年11月にマミズクラゲを展示したが，数日前に地元の方から連絡をいただいたのがきっかけで，発見された池が位置する市の許可も得て約20個体を採集してきた．展示は残念ながら1カ月程度に終わったが，このマミズクラゲ，毎年同じ池（水域）で大発生するとは限らず，その生態も謎に包まれている．さらに，現在は1種（マミズクラゲ *Craspedacusta sowerbyi*）のみが世界各地の淡水域に分布することになって

いるが，通説のようにほかの動物や植物とともに移動して，新たな生息水域を広げていったのか，この点も大きな疑問である．

ヒドロ虫綱の中で日本でもっとも有名なのはオワンクラゲだろうか．日本動物園水族館協会の調べによると，2009年時点でオワンクラゲを展示する水族館は17館に上る．傘径は20 cmになる大型のクラゲで，刺激を受けると生殖腺を青白く発光させる．京都府生れの下村脩博士は発光生物の発光メカニズムを研究，オワンクラゲから緑色蛍光タンパク質を発見，その後，この物質が世界中のさまざまな実験分野で蛍光標識として使われたため，2008年度にノーベル化学賞を受賞した．この話題が世界中に広がる中，研究材料となったオワンクラゲも注目を浴びることとなり，展示を始める水族館も多くなったのである．

海遊館では10年以上前からオワンクラゲの展示に取り組んでいたが，ポリプの飼育水温を通常の15℃前後から21-22℃に上げ，成長が完全に停止する休眠状態で放置した後に再び水温を15℃前後に戻すと，ポリプが成長し稚クラゲが発生することをつきとめ，ポリプを休眠させる独自の工夫や餌料の工夫で2001年には年間を通してオワンクラゲを展示できるようになった（中川，2002）．また，オワンクラゲの展示水槽上部にブラックライト（わずかに人の目にも見える長波長の紫外線）を照射，傘のまわりが緑色に光る様子をお客様に見ていただく工夫も行ったものである．

以上，ヒドロ虫綱に属する特徴的な3種について述べてきたが，その他に水族館における展示例が多いのは，「不老不死のクラゲ」として有名なベニクラゲ（8館），触手が髪のように長くて多いことから名づけられたカミクラゲ（12館），折れ曲がった鉤状の触手や付着細胞で水槽の壁面にひっつくカギノテクラゲ（10館），傘の部分が非常に美しい模様のハナガサクラゲ（11館）などが含まれる．

刺胞動物門の最後のグループは花虫綱である．本綱にはこれまで見てきた3綱（いわゆるクラゲ状の外見）とは異なり，まるで海中植物のような外見のウミトサカやイソバナの仲間（八放サンゴ亜綱），サンゴやイソギンチャクの仲間（六放サンゴ亜綱）が含まれ，展示する水族館や種の数も多い（約431種）．2つの亜綱はポリプが8軸か6軸かで分類されている．

八放サンゴ亜綱で展示水族館がもっとも多いのはムラサキハナヅタで，一

般には「スターポリープ」とも呼ばれ，家庭の水槽でも飼育されることがある．2009 年には 23 の水族館で飼育展示されている（日本動物園水族館協会，2009 年調べ）．

　南西諸島以南のサンゴ礁で見られるウミキノコ（17 館）や本州中部以南の浅海で見られるオオトゲトサカ（16 館），北海道以南の浅い砂底に直立するように生息するウミサボテン（15 館）も展示する水族館が多い．ウミサボテンの近縁，ミナミウミサボテンは奄美大島や沖縄の浅海に生息するが，2009 年時点でかごしま水族館のみが飼育展示しており，2010 年には繁殖表彰を受賞している．本種も褐虫藻との共生関係にあるが，新しく得たポリプに褐虫藻が増えないため，すでに褐虫藻を多く持つ群体からポリプを切り取って，すりつぶしたものを与えることで体内への取り込みに成功するなど，かごしま水族館のさまざまな工夫が実った成果である．

　六放サンゴ亜綱ではハナギンチャク目，イシサンゴ目，ホネナシサンゴ目，イソギンチャク目，スナギンチャク目の仲間が飼育展示されている．ハナギンチャクの仲間はイソギンチャクに似るが，足盤を持たず，岩に付着せず底砂に穴を掘って生活する．触手を広げた姿が美しく，水族館の展示に多いのはムラサキハナギンチャク（16 館）やヒメハナギンチャク（17 館）である．

　一方，イソギンチャク目の仲間は円筒形の体の下面が足盤と呼ばれ岩に付着するが，この足盤を使って非常にゆっくりと移動することもできる．この仲間でもっとも多くの水族館で飼育展示されているのはサンゴイソギンチャク（35 館）で，本州南部，四国，九州の沿岸岩礁域に多く生息する．本種にはスズメダイ科のクマノミなどが共生することが広く知られ，水族館でもこの共生関係を説明するために展示されることが多い．触手を引っ込めた状態が梅干しに似ることから名づけられたウメボシイソギンチャクも近縁で，潮間帯の環境変化にも耐えるため，磯で見かけることが多く，水族館における展示も多い（17 館）．東北・北海道の沿岸に生息するヒダベリイソギンチャクも，とくに分布を反映して関東以北の水族館に多く展示されている．ヤドカリの入った貝殻に付着するヤドカリイソギンチャクも，そのめずらしい生態を紹介しようと展示を試みる水族館が多い（13 館）．

　イシサンゴ目の特徴の 1 つはイソギンチャクに似た体が石灰質の硬い骨格に覆われる点で，多くの個体が集まった群体をなすものがある．多くの種類

が水族館で展示されているが，いわゆる枝サンゴ状を呈するミドリイシ科のスギノキミドリイシは 11 館，分厚い葉を組み合わせたようなヒラフキサンゴ科のシコロサンゴは 10 館，ハマサンゴ科のハナガササンゴは 19 館，半球状の群体をつくるキクメイシ科のキクメイシは 12 館，ヒユサンゴ科のヒユサンゴは 23 館，中央が盛り上がった円盤状の群体をつくるオオトゲサンゴ科のハナガタサンゴは 17 館，イソギンチャクのような触手を伸ばすハナサンゴ科のナガレハナサンゴは 23 館，キサンゴ科のイボヤギは 28 館で飼育記録がある．

(2) 軟体動物 (Mollusca)

体に内骨格も外骨格もない軟体動物には現生約 5 万種が知られ，大きく 8 つのグループ（綱），溝腹綱，尾腔綱，多板綱，単板綱，腹足綱，頭足綱，二枚貝綱，掘足綱に分けられる．このうち，水族館で飼育された記録（日本動物園水族館協会，2009 年調べ）があるのは溝腹綱（カセミミズ），多板綱（ヒザラガイなど），頭足綱（オウムガイ，コウイカ，ミミイカ，アオリイカ，マダコなど），腹足綱（マツバガイ，イシマキガイ，クボガイ，マルタニシ，アカニシ，アメフラシ，ウミフクロウ，ミジンウキマイマイ，ハダカカメガイ，シロウミウシ，クロシタナシウミウシ，ヤマトメリベ，モノアラガイなど），二枚貝綱（アコヤガイ，ヒメジャコガイなど）の約 471 種である．

ここで，水族館における軟体動物の展示をもう少しくわしく見ていきたい．一般に水族館にこられるお客様がイメージする軟体動物はというと，やはり「タコ」が一番だろうか．タコの仲間はイカやオウムガイとともに軟体動物門頭足綱に含まれる．

日本人にとってなじみ深い生きものであるタコはグニャグニャした体から「軟体」動物と呼ぶにふさわしく，「8 本足（八腕上目）」「目がよい」「意外と賢い」「狭い隙間も通り抜ける」など，さまざまな印象で記憶されていると思う．実際に飼育展示を行っている水族館を調べると（日本動物園水族館協会，2009 年調べ），マダコが 24 館，ミズダコは 29 館，イイダコで 14 館など，軟体動物の中ではトップクラスである．同じく日本人になじみがあり，足が 10 本（十腕上目）のイカの仲間ではコウイカが 16 館，アオリイカが 22 館であった．

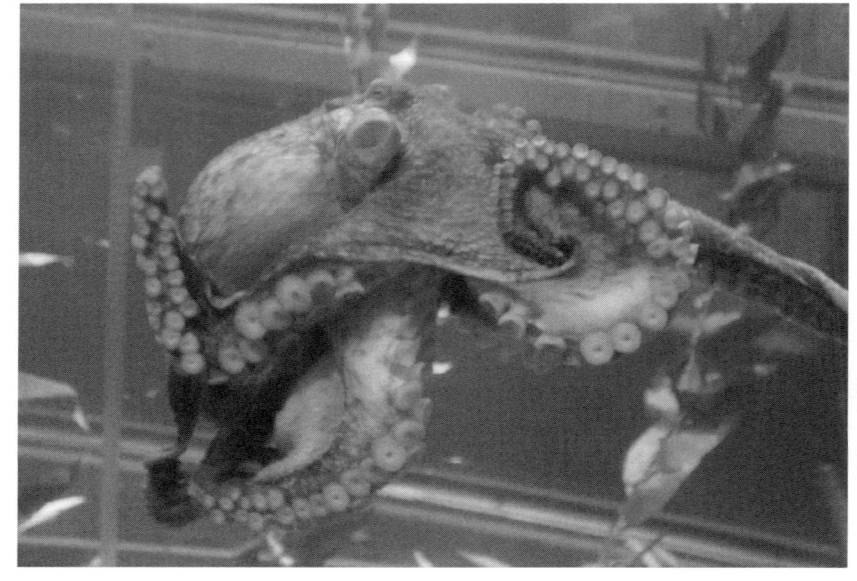

図 6.5　ミズダコ．

　展示水族館数が多いミズダコは冷水を好み，日本では東北以北に見られ，タコの仲間ではもっとも大きく，腕を広げると 5 m，体重も 50 kg を超えるといわれる（図 6.5）．この大きさが来館者の驚きを誘うため展示に挑戦する館は多いが，冷水性であるため水槽の結露対策が必要で，また，つねに動き回るのではなく，水槽のコーナーや擬岩の陰に隠れてじっとすることが多いため，展示方法に工夫が必要な種でもある．一方，マダコはミズダコに比べると小型で，広く本州以南の温帯域に生息している．マダコは入手が容易で，水槽の中に蛸壺を沈めて，その中に隠れる様子を展示する水族館もある．本州から東アジアの浅海に生息するイイダコも比較的多くの水族館で飼育され（14 館），二枚貝の貝殻に隠れる姿が展示されたりしている．

　ほかにも展示例は少ないものの，日本南部にも生息し，唾液に有毒成分を含む 15 cm ほどのヒョウモンダコや，分類学的には検討を要するマダコ属の 1 種で，さまざまな有毒生物に擬態することが映像で紹介され，ミミックオクトパス（擬態するタコ）という俗称で一般にも知られるようになったタ

コは，企画展示など短期間の展示に取り組む水族館もある．

一方，イカの仲間で展示水族館が多いのはアオリイカ（22館），ミミイカ（17館），コウイカ（16館）などである．また，日本動物園水族館協会による2009年の調査では1館だけであるが，日本固有種であるホタルイカが魚津水族館において飼育展示されている．本種は触手の先や体の腹面に発光器を持ち，富山湾では春から初夏に水揚げ，食用に供されるため，一般にも広く知られている．富山市から魚津市の沿岸は「ホタルイカ群遊海面」として特別天然記念物に指定されている．

筆者の経験では，イカの仲間はタコ以上に神経質で，水槽のアクリルパネル越しでもお客様の急な動きやフラッシュなどに驚いて，水槽壁やアクリルパネルに衝突して弱ったり，墨を吐いて小さな水槽なら水質を悪化させることがあるので，展示には注意が必要である．

イカやタコの仲間は比較的古くから水族館でも飼育されているが，繁殖表彰を受賞しているのはコブシメ，ハナイカ，アオリイカ（図6.6），ミズダコのみで，まだまだ飼育展示や繁殖に挑戦が続いている．

イカの仲間には深海に生息する大型の種類もあり，その生態は謎に包まれているが，その代表格が世界最大のイカとされるダイオウイカだ．最大全長

図6.6　アオリイカ．

170　第6章　無脊椎動物——脊椎を持たない生物

18 m の記録もある．筆者も幼少のころ，マッコウクジラと闘うダイオウイカの想像図を見て，胸をわくわくさせた覚えがあるが，最近では国立科学博物館の窪寺恒巳博士のチームが熱心に，このダイオウイカの生態解明に取り組み，テレビでも紹介されており，大きな成果をあげている．いつの日か全長 10 m を超える大きなダイオウイカが水族館の展示水槽を泳ぐ日がくるのだろうか．

　イカ（十腕上目），タコ（八腕上目）とともに頭足綱に含まれるオウムガイの仲間は 3 種が飼育されているが，ほとんどがオウムガイ（18 館）で，ほかにパラオオウムガイ（能登島水族館），オオベソオウムガイ（鳥羽水族館）が飼育展示されている（図 6.7）．オウムガイの仲間は祖先がアンモナイトと近縁だとされ，巻貝のような殻から触手を出して海中に浮かぶ姿はまさに「生きた化石」と呼ばれるにふさわしい．鳥羽水族館ではオウムガイの仲間の飼育展示に取り組み，1994 年にはオオベソオウムガイ，1997 年にはオウムガイの繁殖表彰を受けている．また，同館では 2011 年に飼育下で繁

図 6.7　鳥羽水族館のオオベソオウムガイ．

殖したオウムガイの長期生存世界記録も樹立しており，2012年には日本動物園水族館協会から古賀賞を受賞した．

つぎに軟体動物の中でもっとも種類数が多いとされる腹足綱に属する生物の飼育展示について概観したい．このグループの特徴の1つは，多くの種が渦巻状の殻を持ち，体が左右非対称で，腹面に大きな筋肉質の足を持っていることである．いわゆる巻貝の仲間が典型であるが，水族館における展示が多い種はクボガイで20館，サザエでは28館である．このうち，クボガイはサザエほど名前を聞かないが，殻の高さが3cm前後の小さな巻貝で，日本各地の潮間帯や潮下帯で普通に見られ，ニナ（俗称）とも呼ばれ，おそらく多くの方が磯で見かけたことのある巻貝である．同じような環境で目にするイシダタミガイ，バテイラ，潮間帯でもかなり上部に生息するタマキビガイなどが水族館で展示されており，タッチングプールに収容されることも多い．

また，上述の貝類と殻の形が少し違う巻貝の仲間で，マガキガイは28館で飼育されている．大型の巻貝では楽器（法螺笛）にも使われるフジツガイ科のホラガイやボウシュウボラが知られ，ホラガイでは殻の高さが40cmを超え，ボウシュウボラは20cmを超える．ホラガイはヒトデを捕食するため，一時，オニヒトデによるサンゴの食害を防止できると注目されたが，それほど頻繁にオニヒトデだけを捕食するわけでもなく，確実な効果は疑問視されている．ボウシュウボラは2009年時点（日本動物園水族館協会調べ），19の水族館で飼育展示されている．

巻貝の仲間には淡水域に生息する種も多く，日本に生息するタニシ科の4種（マルタニシ，オオタニシ，ナガタニシ，ヒメタニシ）はいずれも水族館で飼育展示された記録がある．淡水産の巻貝で展示水族館が多いのはカワニナ（16館）で，ホタル幼虫の餌としても利用され，近年の水族館では，ビオトープ（ある生物が生息する典型的な環境空間）展示に導入されることが多くなっている．

これまで見てきた腹足綱の中には貝殻が消失，もしくは退化して体内に小片が残る種類もある．広く知られているのはアメフラシ，ハダカカメガイ，ウミウシの仲間などである．アメフラシを展示する水族館は多く（29館），外套膜の内側に退化した殻を持っている．本種の仲間は刺激を受けると紫色の液体を出し，イカやタコの仲間が墨を吐くのと同じような煙幕効果がある

とされるが，この煙幕が広がる状態が雨雲に似ていることから「雨降らし」と呼ばれるようになったといわれる．

一方，ハダカカメガイは俗称のクリオネが有名となり，今でも水族館の人気生物の1つで，28の水族館で飼育展示されている（ハダカカメガイについては後述の「巨大クリオネを求めて」も参照）．

ウミウシの仲間は世界中の浅海域に生息し，体色や模様が非常にカラフルで変化に富んでいるため，水族館でも多くの種類が展示されている．ヒカリウミウシは8館で飼育展示されているが，刺激を与えると青白く発光することが知られている．ヤマトメリベは日本固有種で全長が50 cmになる大型のウミウシの仲間で，水族館の飼育例も少なく，短期間の展示に終わることが多い（図6.8）．近縁のメリベウミウシを飼育する水族館は10館あり，特徴的な袋状の口を広げ，投網のように餌を捕まえて食べる．長岡市寺泊水族博物館では，このメリベウミウシの独特な捕食を，バックヤードツアーに参加したお客様に披露している（2009年時点）．

水族館でさまざまな生物を飼育展示していると，非常に特徴的な，もしくはめずらしい行動を目にすることがあるが，それらの行動がつねに示されるわけではなく，メリベウミウシのようにバックヤードツアーで捕食時の行動

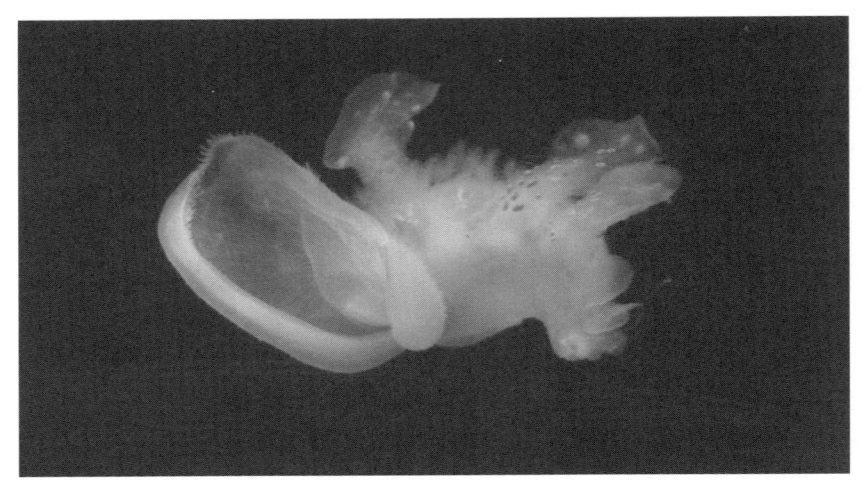

図6.8 ヤマトメリベ．

を見せたり，飼育係員が撮影した映像を水槽の近くで上映するなど，各水族館がさまざまな工夫で生物の特徴的な行動をお客様に紹介している．

腹足綱で繁殖表彰を受けているのはカガバイ，イジケシライトマキバイ，ナンキョクバイ，ヒメエゾボラ，ホウズキフシエラガイの5種のみであった．このうち4種は新腹足目のエゾバイ科で，ホウズキフシエラガイは背楯目に属している．

最後に二枚貝綱であるが，文字どおり体の左右に1対2枚の貝殻を持つことが特徴で，水族館では83種が飼育されていた（日本動物園水族館協会，2009年調べ）．このうち，もっとも飼育水族館の数が多いのはヒメジャコガイ（18館）でつぎにヒレジャコガイ（15館）と，いずれもシャコガイ科である．シャコガイの仲間は大型になるものが多く，一般にも知名度が高いので，飼育展示に挑戦する水族館も多い．オオシャコガイでは殻長が2mになるといわれている．

二枚貝の仲間には食用としても日本人になじみ深い種類が多く，マガキ，ホタテガイ，アサリなども多くの水族館で展示されている．2011年にリニ

図 6.9 宮島水族館のマガキ展示．

ューアルオープンした宮島水族館では，地元広島の名産でもあるマガキを，養殖用のカキ筏を再現した水槽で展示している（図6.9）．

淡水産の二枚貝ではイシガイ科のドブガイ，カラスガイ，マツカサガイ，イシガイなどが展示されている．これら淡水産の貝類は生息環境の変化により，個体数の減少が危惧されているものが多い．

その他，水族館で見られる二枚貝には，真珠の母貝として有名なアコヤガイ，青白い光を放つことでダイバーにも有名なウコンハネガイなどがある．ウコンハネガイは外套膜より光を発するために俗称イナズマガイと呼ばれることもあるが，多くの個体を飼育展示中の志摩マリンランドでは水槽観察の結果，外套膜の発する光の機序を解明している（大久保ほか，1997）．

従来，二枚貝綱で繁殖表彰を受賞しているのは淡水産のイシガイのみで，水族館ではなく東京都井の頭自然文化園が2006年に受賞している．

巨大クリオネを求めて

クリオネとは軟体動物門，裸殻翼足目，ハダカカメガイ科に属するハダカカメガイの俗称であるが，ここではそのエピソード（苦労話）を語るために俗称でクリオネと呼ぶ．

クリオネが全国の水族館で人気者となったのはいつごろだろうか．今から20年以上前にテレビCMで紹介されたのが大ブレイクのきっかけだったと記憶している．筆者の勤務する海遊館でも，1996年1月にオホーツク水族館（現在は閉館）より譲っていただいたクリオネを「流氷ウィーク」というイベントにおいて展示することになり，筆者がクリオネの入手や飼育を担当することとなった．前もって網走の水族館にうかがい，ベテランの飼育担当者のお話を聞き，冷菓を販売する際に使われるガラス張りの冷凍庫に水槽を入れて，前日から水温を1-2℃に保ってスタンバイした．クーラーボックスに保冷剤，小さな容器に収容され，網走から届いたクリオネは5匹．傷つけないように慎重に料理用の「おたま」を使って，用意した水槽に移動した．5匹のクリオネたちは，なにごともなかったかのように天使の羽にたとえられる翼足を羽ばたかせている．

その晩は翌日の展示開始に備えて，解説パネルを設置，最後にクリオネの状態も確認して家路についた．ところが翌日，出勤して水槽を見にいくと，

冷凍庫の温度調整が悪かったのか，なんと水槽の上層3分の1くらいが凍ってしまい，3匹のクリオネは氷の中に閉じ込められている．かろうじて難を逃れた2匹は水槽の底のほうで無事に泳いでいるが，この情景を見て凍りついたのは筆者のほうであった．あわてて水温を調整，状況を網走にも伝えると「ときどき凍ることもあるけど，溶けたら動き出すから大丈夫ですよ」との答え．それでも3匹が再び羽ばたきだすまで，冷や汗を流し続けたのはいうまでもない．

クリオネは，それから20年近くたった今でもお客様には好評で，多くの水族館が飼育展示を行っている（2009年現在で28館）．筆者はなぜかクリオネに縁が深いようで，2001年にはカナダの北極圏，北緯75度付近にあるデボン島レゾリュートでも，ドライスーツを着込んで潜水，ひたすらクリオネを探すことになった．この年の夏から「カナダ・北極圏の生き物たち」と題した企画展示を開催，そこでほかの魚類や無脊椎動物と一緒に北極で採集したクリオネも展示したいと思ったからである．「なんでも北極のクリオネは全長が5 cm以上，ときには7 cm近い巨大な個体もいる」との情報．

何度も飛行機を乗り継いでレゾリュートに到着したのは7月末の深夜2時，ただし白夜の時期で屋外は昼間のように明るく，気温は0℃前後，沖合を大きな氷山が流れ，海岸の波打ち際は凍りかけてシャーベット状であった．北海道の海で潜水を始めた筆者は寒い海に潜ることに自信を持っていたが，たとえ夏とはいえ，やはり北極の海は想像以上に冷たかった．また，海岸で潜る準備をしていると，イヌイットの猟師が猟銃を持って「昨日，ここでホッキョクグマが出たそうだが，姿を見かけなかったか」と聞いてくる．持参したクマ避けスプレーがなんと頼りなく感じたことか．

10日あまりの悪戦苦闘の末，確かに大きなクリオネ（全長5-7 cm），偶然に採集できたミジンウキマイマイ（クリオネが好んで捕食するとされ，軟体動物門の有殻翼足目ミジンウキマイマイ科に属し，リマキナ（俗称）とも呼ばれる），その他，北極圏の生きものたちをバンクーバー経由で日本へ送り出し，ようやくの帰国となった．

帰国後，ハダカメガイ（クリオネ）を収容した水槽にミジンウキマイマイ（リマキナ）を入れてみることとなり，ビデオカメラを三脚に設置，水槽ガラスによる反射を防ぐために黒い布で撮影者を覆い，そっとリマキナを水

槽に入れた．最初はクリオネもリマキナもなにごともなく翼足を羽ばたかせて泳いでいたが，リマキナがクリオネにふれた途端，クリオネの頭部に6本の触手が伸び，その触手でリマキナをガッチリと捕えてしまった．この動きは瞬間的であったが，その後，リマキナが徐々に飲み込まれ消化されるまでにはかなりの日数を必要とした．クリオネの体は半透明であるため，消化の一部始終が観察できるのだ．このときに撮影したビデオは，その後もクリオネ展示のたびに水槽の横にモニターを設置して上映，来館者にクリオネの捕食方法を説明する際に有効利用している．

以上が，クリオネに関する筆者のエピソードである．正体不明の無脊椎動物を採集，飼育する際の苦労がつめこまれていると思い，ここに紹介した．もちろんすべての無脊椎動物の飼育展示がこのようにドタバタではないが，初めての飼育や現地での採集など，多かれ少なかれ留意すべきポイントは同じかと思う．

(3) 節足動物 (Arthropoda)

体に体節があり，外骨格に覆われる節足動物は約110万種を含むもっとも大きな分類群の1つだといわれる．未記載種の宝庫であると考えられ，総数もあくまで推定にすぎず，地球上に生息する動物の約85％，全生物の半数以上を占めるとも考えられる（宮崎，2008）．節足動物門には鋏角亜門，多足亜門，甲殻亜門，六脚亜門が設けられ，このうち，水族館で飼育が記録されているのは鋏角亜門のカブトガニやヤマトトックリウミグモ（ウミグモ亜門とする場合もある），甲殻亜門のカブトエビ，ウミホタル，カメノテ，シャコ，オオグソクムシ，ヤマトヌマエビ，アメリカザリガニ，ホンヤドカリ，タカアシガニ，サワガニなど約518種である（日本動物園水族館協会，2009年調べ）．

上記518種中，鋏角亜門に属するのは5種だけでカブトガニ，アメリカカブトガニ，マルオカブトガニの3種はカブトガニ科である．この仲間は大きく発達した甲羅に体が覆われていることが特長で，日本ではカブトガニが瀬戸内海や九州北部の一部沿岸，干潟に生息するが，生息地の環境破壊が進んだために個体数が激減している．本種を展示する水族館は15館である（日本動物園水族館協会，2009年調べ）．続く2種はウミグモ科に属し，ヤマト

トックリウミグモは 4 館で飼育展示されている（日本動物園水族館協会，2009 年調べ）．

　甲殻亜門には残りの 500 種あまりが含まれるが，もっとも多いのがいわゆるエビカニの仲間を含む軟甲綱である．軟体動物門のイカタコと節足動物門のエビカニは日本人にとってはなじみ深く，食用としても貴重な存在である．もっとも多くの水族館で展示されているのはイセエビで，その数 41 館（日本動物園水族館協会，2009 年調べ）．2012 年 4 月現在で日本動物園水族館協会に加盟する水族館は 66 館であるから，じつに 6 割を超える水族館で観察できる生きものなのだ．

　水族館で展示する生物を選択する際，その水槽の展示コンセプトに合致しているか，入手できるのか，館の技術で飼育できるか，お客様に喜んでいただけるか，などさまざまな要素を検討したうえで飼育展示を始めるが，イセエビは多くの要素を充たしているようだ．本章で対象とする無脊椎動物ではミズクラゲが 42 館，マヒトデが 43 館，マナマコが 46 館と多く，イトマキヒトデは 49 館（後述）と一番多くの水族館で飼育展示されていた（日本動物園水族館協会，2009 年調べ）．

　ここでエビカニに話を戻し，分類群というより，お客様の視点からグループ分けして，水族館における飼育展示状況を見ていきたい．

　最初に「美味しい」エビカニ．ここには上述のイセエビが一番乗りで，2009 年の日本動物園水族館協会の調査によると，北海道から鹿児島まで展示園館は広がっている．シャコは 15 館でおもに本州の水族館，クルマエビ（10 館）も本州の水族館に多く展示されている．モロトゲアカエビ（18 館）やトヤマエビ（18 館）は生息域の影響もあり，本州日本海側から北海道に至る水族館の展示例が多い．タラバガニは北海道や東北など 9 館で，ズワイガニは北海道から本州日本海側まで 17 館，ケガニも同じく 15 館で飼育展示されている．

　分類でも生態でもなく，味でひとまとめにするなど，おしかりを受けないか心配である．さらに，これらのエビカニだけが「美味しい」のではなく，人の好みは千差万別．ある地域では最高の珍味でも捕獲量が少なかったり，料理方法が伝わらず，全国的にはマイナーな種類も多いと思う．とくに水族館に勤務して，展示生物を採集するために各地の漁師さんと付き合うように

なると，味や食べ方に関する情報（ときには情報だけでなく実践も）も入ってくるようになる．さらに，館内通路を歩いていると「あのカニ美味しそう！」というお客様の声．実際に指差して「あのエビは食べたら美味しいの？」と聞かれることもある．こうしたときのためにも分類，生態，生理だけでなく，味や料理に関する知識や経験も少しは持っているのが飼育係員の条件だと思う．

つぎに変わった形態や行動をお客様に見ていただこうと展示されるエビカニの仲間を見たい．名前や形態が「変な」代表はスベスベマンジュウガニだろうか．本種は十脚目オウギガニ科に属し，本州から沖縄の沿岸に生息，突起がなく丸い甲羅が特徴で，餌とする生物により成分や量は異なるが有毒である．20館で飼育展示されているが，毒のあるカニの和名に「マンジュウ」とつくのは皮肉である．同じ十脚目カラッパ科のトラフカラッパ（図6.10）やメガネカラッパも展示する水族館が多い（いずれも22館）．まるでお椀を逆さまに伏せたような甲羅の形で，水槽の底砂に潜る様子はユニークである．また，鋏脚が強大で巻貝の殻を割って食べてしまう．

図6.10　トラフカラッパ．

十脚目クモガニ科のモクズショイは甲長 3-4 cm と小型であるが，その名のとおり，甲羅に海綿や海藻などをつけて敵の目につかない工夫をする．この行動は水槽でも観察できるので 25 館で飼育展示されている．

モクズショイのように海藻などで敵の目をくらますだけでなく，貝殻を隠れ家として利用するのがヤドカリ科の仲間で，ユビワサンゴヤドカリ（23 館），ソメンヤドカリ（26 館），ホンヤドカリ（28 館）など多くの水族館で展示されている．本科の仲間の腹部はほかの十脚目とは異なり，長くて柔らかく，第 4，5 脚も短くて貝殻を内側から支える構造になっている．

形態的な特徴の最後として，とくに海外のお客様が興味を持つのが「大きさ」である．既出のズワイガニやモクズショイと同じクモガニ科に属するタカアシガニ（図 6.11）は鋏脚を広げると 3 m を超え，世界最大のカニといわれ，本州太平洋側の水深 200-300 m に生息する．展示園館も 37 館と多く，とくに海外のお客様は「大きくてロボットのようだ」と感動を隠さずに観察を続ける姿を見かけることが多い．

一方，淡水域に生息するエビカニ類の展示ではヤマトヌマエビ（20 館），

図 6.11 タカアシガニ．

テナガエビ（18 館），モクズガニ（22 館），サワガニ（27 館）などが多く展示されている．また，テナガエビ，モクズガニ，サワガニなどは捕獲が容易な池や川に生息するため，古来より食用とされ，日本人にとってはなじみ深い種類が多い．

ここで，今回，淡水域に生息するエビカニ類の展示館数を調べて気になったのが，アメリカザリガニを展示する水族館が 32 館と非常に多かったことである．もちろん，子どもたちにも人気があり，外来種であることを説明するために展示する館が多く，それ自体はなんの問題もないが，日本固有種であるザリガニを展示する水族館が 6 館しかなく（日本動物園水族館協会，2009 年調べ），少し寂しい思いをした．

「節足動物」の項を終えるにあたり，展示する水族館は少ないが，ぜひとも紹介するべきなのがアルテミア（3 館で展示），ニホンイサザアミ（2 館），ナンキョクオキアミ（名古屋港水族館のみで展示）の 3 種である．これらは，水族館に勤務する方には「なるほど」と賛同をもらえるはずだ．

アルテミアの仲間は節足動物門，甲殻亜門，鰓脚綱に属し，世界中の塩分濃度が高い湖などに生息する．環境変化の激しい場所に生息するため，数年の乾燥にも耐える乾燥耐久卵を産むことができ，その卵を保存しておいて，適度な塩水に入れると 1 日で孵化するため，小さな餌を必要とする仔魚や稚魚の育成には必要不可欠な存在なのだ．近年，水族館ではクラゲの飼育やタツノオトシゴの飼育にも必須の餌となっている．ニホンイサザアミは甲殻亜門，軟甲綱に属し，自然界でも多くの小型魚類の餌となり，佃煮として直接，人の口に入ることもあるが，水族館でも展示生物ではなく餌生物として育てられることがある．ナンキョクオキアミも軟甲綱オキアミ目に属し，その名のとおり南極海に生息するが，その資源量は莫大で南極海に生息するすべての海生哺乳類，鳥類，魚類などのエネルギー源として，直接もしくは間接的に支えているのはナンキョクオキアミといっても過言ではない．近縁のツノナシオキアミは本州北部の親潮流域で漁獲されるが，養殖や釣り餌として利用されている．

このように展示生物の餌としても役立ってくれる生物は自然界でも食物連鎖の重要な位置を占めており，そのことをお客様に伝えるのも水族館の重要な役割の 1 つである．

（4） 棘皮動物（Echinodermata）

　基本的に五放射相称の体構造を持つ（ナマコの仲間は二次的に前後が区別できる構造）棘皮動物には現生約 7000 種が知られ，大きく 5 つのグループ（ウミユリ綱，ヒトデ綱，クモヒトデ綱，ウニ綱，ナマコ綱）に分けることができる．水族館で飼育記録があるのはウミユリ綱（トリノアシ，ニッポンウミシダなど），ヒトデ綱（モミジガイ，イトマキヒトデ，ニチリンヒトデ，ルソンヒトデ，マヒトデなど），クモヒトデ綱（オキノテヅルモヅル，ニホンクモヒトデなど），ウニ綱（ノコギリウニ，ガンガゼ，バフンウニ，タコノマクラ，ブンブクチャガマなど），ナマコ綱（キンコ，クロナマコ，オオイカリナマコなど）の約 278 種である（日本動物園水族館協会，2009 年調べ）．

　ウミユリ綱ウミユリ目の仲間はその外見がほかの棘皮動物と異なり，植物の茎のような構造で海底に付着する．植物の花にあたる冠部には口や肛門，放射状に 5 本の腕があり，それぞれがさらに分枝している．本グループではゴカクウミユリ科のトリノアシが 8 館で飼育展示されていた．また，ウミシダ目では成長過程で茎を失い，巻枝と呼ばれる細い腕で海底につかまるが，細かく枝分かれした腕を使い遊泳することもある．ウミシダ目では 6 科約 18 種が展示されているが，多くの水族館で見られるのは日本固有種のニッポンウミシダ（24 館），オオウミシダ（16 館）などである．繁殖表彰はのとじま臨海公園水族館が 2001 年にトゲバネウミシダ，2003 年にトラフウミシダで受けている．

　ヒトデ綱には水族館で飼育展示されている種が多く含まれ（約 97 種），また，もっとも多くの水族館で飼育展示される無脊椎動物のベスト 1，イトマキヒトデ（49 館）とベスト 3，マヒトデ（43 館）が含まれている．なお，ベスト 2 は後出するナマコ綱のマナマコ（46 館）であった．イトマキヒトデは 7 割を超える水族館でお目にかかる．地味ではあるが，まさに「水族館の顔」とも呼べる生きものなのだ．自然界でも日本中の沿岸域に広く分布しており，マヒトデとともにもっともよく目にするヒトデである．残念ながら，英名のように水槽のスターとして扱われることは少なく，ほかの展示生物との混合飼育や，タッチングプールなどふれあいを目的として飼育展示される

ことが多い．マヒトデも北海道以南の沿岸域に広く分布しており，本種が餌とする貝類など漁業資源に与える影響も心配されている．

　本グループにはほかに，姿を見てよくぞ名づけたと感じるカワテブクロ（11館で展示），マンジュウヒトデ（28館），腕が切れて再生するため必ずしも8本とは限らないがヤツデヒトデ（20館）などが含まれる．また，サンゴを食べる悪者として一般にもよく知られたオニヒトデを展示する水族館も多い（17館）．

　クモヒトデ綱はヒトデ綱に近縁だが，移動の際にヒトデ綱のように管足を使うのではなく腕自体を使うのが特徴で，中央の盤から明瞭に区別できる細長い腕を持つものが多い．本綱には比較的深い海に生息する種が多いが，ニホンクモヒトデは本州から九州の沿岸に分布，一般の目にもつきやすく，18の水族館で飼育展示されている．筆者の勤務する海遊館でも，企画展示のためにオーストラリアで捕獲されたグリーンブリットルスターというクモヒトデの仲間を飼育したことがあるが，餌を入れた途端に水底から跳ねるように活発に泳ぎ出して，長い腕で餌を捕まえたのには，とても驚いた覚えがある．

　ほかに「テヅルモヅル（漢字で「手蔓藻蔓」と書く）」と名づけられたグループも本綱に含まれるが，5本の腕が何度も枝分かれして，とてもヒトデの仲間とは思えない形状を呈している．釣りや底刺し網で混獲された際に水族館へ持ち込まれることが多く，オキノテヅルモヅル（図6.12）は12館で飼育展示されていた（日本動物園水族館協会，2009年調べ）．

　本グループの繁殖表彰は，2002年に東京都葛西臨海水族園がサーペントスキンドブリットルスターで受賞した1例のみである．

　ウニ綱では約62種が水族館で飼育展示されているが，そのうち，展示する園館がもっとも多いのは本州から九州沿岸に分布するムラサキウニ（33館）であった（日本動物園水族館協会，2009年調べ）．ムラサキウニはホンウニ目ナガウニ科に属し，刺身や寿司など高級食材としても知られる．キタムラサキウニは外見や名前も似るが，オオバフンウニ科に属し，本州北部から北海道沿岸に分布する（17館で飼育展示）．同じくオオバフンウニ科のバフンウニは25の水族館で展示されており，本州から九州沿岸で見られ，本州北部から北海道沿岸に分布するエゾバフンウニ（11館で展示）と比較すると，形状は似るが小型である．これらのウニは磯場でも見られ，食用にも

図 6.12 オキノテヅルモヅル.

供されるため日本人にとってはなじみ深い海の生きもので，水族館ではふれあいコーナーで展示されることが多い．

一方，同じウニ綱でもガンガゼ目のガンガゼは本州中部以南の沿岸域に生息，非常に長くて細い棘が特徴で，先端はほかのウニと比べても刺さりやすく有毒でもあるため，海の危険な生きものとして知られており，26 の水族館で飼育展示されている．同じように有毒のウニとしては九州から沖縄の沿岸に生息するラッパウニ科のラッパウニ（15 館）が知られる．本種は通常の棘には毒がなく，棘の間に叉棘と呼ばれる先端が円盤状に広がった柄があり，この叉棘に毒がある．また，叉棘の形状がラッパに似ており，体中がラッパに覆われたように見えることが名称の由来で，海中では棘だらけの一般的なウニとはまったく異なる外見を呈している．シラヒゲウニ（20 館で展示）もラッパウニ科に含まれるが叉棘を持たず，本州中部以南では食用とされることが多い．

本州中部以南の沿岸域に生息するノコギリウニはほかのウニより太くて大

きな棘を持ち，その根元に鋸の歯のような突起を持つ．近縁種の中では比較的浅海域に生息するため，本種を展示する水族館も多い（16館）．ムラサキウニと同じナガウニ科にも太くて大きいが先のとがらない棘を持つパイプウニが含まれる（8館）．本種は本州中部以南，サンゴ礁域にも分布し，特徴的な太い棘が風鈴やネックレスなど工芸品にも利用されるため，パイプのような棘の部分を目にした人は多いと思う．

余談になるが，ウニの仲間にも珍名が多く，水族館で展示されている種では，タコノマクラ科のタコノマクラ（21館），カシパン科のスカシカシパン（3館），ブンブクチャガマ科のブンブクチャガマ（3館）などは，落語のネタになりそうな和名の代表格である．展示水族館の多いタコノマクラは棘が非常に短く，一見ウニの仲間とは思えないが，直径10 cmほどの丸い菓子パンのような体の背面に5枚の花びら状の模様があり，五放射相称の棘皮動物の特徴が見てとれる．

棘皮動物門の最後に紹介するのはナマコ綱であるが，これまで見てきたウミユリ，ヒトデ，クモヒトデ，ウニの仲間とは大きく異なる特徴がある．前4綱に属するものは体軸が海底に対して垂直である（海底に「立っている」）が，ナマコの仲間の体軸は海底に水平で，いいかえれば体に前後があり，海底に「寝転がる」状態なのだ．

ナマコの仲間もヒトデやウニと同様に水族館ではふれあいコーナーに展示されることが多いが，その独特の形態や感触から，どちらかといえば敬遠されがちな生きものである．ただし，日本では古来（1300年前）より食用とされてきた記録が残り，現在もナマコ漁はさかんである．日本ではおもにマナマコが食用に供されているが，内臓を塩辛とした「このわた」は珍味として有名である．また，中国では乾燥させた干しナマコが珍重されており，近年は医薬品や石鹸にも利用されている．このマナマコは前述のように，展示する水族館が多い無脊椎動物のナンバー2にランクイン，46の水族館で飼育展示されている．

本グループのイカリナマコ科には大型の種が多く，沖縄などサンゴ礁の浅海に生息するオオイカリナマコの直径は5 cm前後だが，伸びると全長3 m近くになる．体の先端にある口のまわりの触手を動かし，伸びたり縮んだりしながら動く姿は，少し不気味だが13の水族館で飼育展示されている（日

本動物園水族館協会，2009 年調べ）．

　ナマコの仲間は一般に海底の有機物を餌とするが，口のまわりに発達する触手は，この餌を集めるために使われる．キンコ科のアデヤカキンコはオレンジ色の触手が発達し，体は紫色で非常にカラフルな色彩に包まれており，「シーアップル」（海のリンゴ）とも呼ばれるが，17 の水族館で展示されている（日本動物園水族館協会，2009 年調べ）．たしかに，縮んだときには体が丸くなりリンゴに見えなくもない．

　ほかに展示する水族館が多い種として，本州中部以南に生息するニセクロナマコ（26 館），縞模様が特徴的なトラフナマコ（24 館）などがあげられるが，いずれも筋肉中に毒成分を持つため生食には適していない．マナマコはこの毒成分が少ないため食用として利用されてきたようだ．

　ナマコの仲間の繁殖表彰に関しては，2002 年に東京都葛西臨海水族園がレッドチェステッドシーキューカムバーで受賞した 1 例しか記録はない．

6.3　水族館における無脊椎動物の将来

　本章で見てきたように，水族館における無脊椎動物の存在およびその飼育は，まだまだスタートしたばかりである．分類の混乱，生理や生態に関する情報の不足，大半の種類における飼育技術の未成熟，ある意味，将来は無限大に広がっているといえる．ただ，地球上の環境変化の激しさを考慮すると，いまだ学名もついていないような種が，私たちの知る前にいなくなってしまう可能性が高いのが無脊椎動物の世界ではないかと思う．

（1）保護（保全）・普及啓発

　「大地と海が存在する限り，常に海辺は陸と水との出会いの場所であり，今でもそこでは，絶えず生命が創造され，また，容赦なく奪い去られている．そして海辺は，生命が出現以来今日に至るまで，進化の力が変わることなく作用しているところである」．これは多田（2011）が『レイチェル・カーソンに学ぶ環境問題』の中でカーソンの表現を引用した文章である．彼女は 1955 年に『海辺』を著し，生物の「個性」，生物と環境や生物と生物の「つながり」など生物多様性の理念にもとづいた理解を示し（多田，2011），

1962 年には『沈黙の春』で環境問題に警鐘を鳴らしている．

　彼女は海洋生物の研究者でもあり，『海辺』の中では岩礁域を取り上げ，フジツボやイガイの生活を詳細に観察した結果を美しい文章で表現している．今から 50 年以上前に生物多様性の概念を持ち海の将来を憂えた彼女に敵うべくもないが，私たち水族館に勤務する者は，お客様にどのような展示を提供し，どのようなメッセージを発信すべきか．実り多き保護（保全）活動の実現のためには「普及啓発（教育活動）」がなにより大切だと思う．

　水族館における普及啓発（教育活動）といえば，各園館が夏休みに行うサマースクールを思い浮かべる方が多いと思うが，まず基本となるのは展示である．一般のお客様は全員がスクールに参加するのではなく，観覧通路から自分のペースで展示を見学される．そのような場合に，海獣類や魚類に比べ，動きが少なく，小型のものが多く，どちらかというと「地味」な無脊椎動物に興味を持ってもらい，その展示からなにかを楽しく学んでもらうには，かなりの工夫が必要である．

　展示水槽のまわりに設置する解説板も有効だが，子どもから大人まで万人にわかりやすい解説板の作成は難題で，また，混雑時にも皆が読めるような解説板はあまり目にしたことがない．最近では，写真だけでなく動画も利用されたり，さらにタッチパネルの採用で双方向的な情報発信も行われている．音声ガイドシステムを取り入れて，ある場所にくるとイヤホンから解説が流れる仕組み，通信機能を備えたゲーム機に写真や情報をダウンロードしたり，スマートフォンを同じような目的に使える水族館も増えてきている．

　こうした AV 機器の先進化にともない，情報の伝え方や伝達速度，伝達量は飛躍的に改善され，今後もより効果的にその役割を果たすと思う．ただ，水槽の中で生き生きと暮らす生物を目にしたお客様は，厖大な写真や文字情報だけを望んでいるのではない．デジタル情報だけなら家にいてパソコンやテレビからでも入手可能だ．実際に生物の生きた姿を展示する水族館では知識（知ること）だけでなく感性（感じること）に訴えることが大切なのだと思う．この「感性」という言葉，じつは上述のレイチェル・カーソンの受け売りである．第 5 章でも紹介したが，多田（2011）によるとカーソンは「知ること（知識）は感じること（感性）の半分も重要ではない」と述べている．

　「感性」という言葉を辞書で調べると，「物事を心に深く感じ取る働き」

「刺激を受けとめる感覚的能力」などの説明があるが，筆者は単純に「感動をともなわない体験は記憶に残りづらい」と解釈している．それでは「感動をともなう体験」とは具体的にどんなものだろうか．「大きい・小さい」「すごい」「かっこいい」「軟らかい・硬い」「可愛い・気持ち悪い」「臭い・いいにおい」「うるさい・静か」など五感にともなう体験は限りがなく，とくに水族館は生きものにかかわる感動体験の宝庫である．

近年，各水族館において「ふれあいコーナー」が増えている．これはお客様が見るだけでなく体験したいと思う希望をかなえるもので，従前の「タッチングプール」と基本的には同じものである．やはり動きが遅く触りやすい無脊椎動物がその主役となっていることが多い．ただ，触りやすいからと放置しておくと1日に何度も水から出され，ひっくり返され，最後には水槽に投げ込まれることもあり，展示される生きものもたまったものではない．

そこで，最近のふれあいコーナー（タッチングプール）には，専属スタッフが解説員として常駐し，触り方やその生物の解説を行い，また，ふれあい前後の手洗いの励行を呼びかけるようになっている．さらに，取り上げることでダメージを受けやすい生物には，直接ふれるのではなく，解説員が小さなプラケースに収容して，お客様の目の前で見せる工夫もされている．

こうしたとき，とくに子どもたちの目は輝いており，親に促されるまで展示から離れず，解説員につぎからつぎへと質問する姿を見かけることが多い．もちろん「ふれあい」だけがすべてではないが，こうした「見る，臭う，触る，聞く」など五感の体験が水族館に求められており，そこから「学び」がスタートするのだと思う．

つぎに具体的な事例を1件紹介したいと思う．それは「チリメンモンスター」である．この名前を耳にされた方は多いと思うが，本件は今から10年ほど前に大阪府岸和田市にある「きしわだ自然資料館」で行われていた実習が大きく広がったものである．筆者も子ども時代に経験があるが，チリメンジャコを食べていると，その中に小さなタコやカニが混ざっていることがあり，なにか宝物を見つけたような気分になったものである．最近では製造過程でしっかりと選別されるため，宝物に出会う機会は少なくなってしまった．きしわだ自然資料館と友の会の方々はこのチリメンジャコに注目し，漁師や製造業者から選別前のものを入手，虫めがねやルーペを利用して子どもたち

188   第6章　無脊椎動物——脊椎を持たない生物

図 6.13　チリメンモンスターを探せ.

と，混ざった生きものを「チリメンモンスター」と名づけて観察を始めた．
　筆者の勤務する海遊館でも，きしわだ自然資料館の指導を受け，何度も「チリメンモンスターを探せ」（スクール活動）を行ったが（図 6.13），実際には子どもだけでなく大人も夢中になってモンスターを探している．海遊館で行った際に見つかったモンスターはタコ，エビ，カニの幼生など無脊椎動物が多く，参加者の皆さんは用意した図鑑を片手に一生懸命に名前を調べ，とくに節足動物門，甲殻亜門のエビカニ類など，不思議な形状の幼生段階を経て成長することを驚きとともに学ばれている姿が印象に残っている．
　このように水族館における普及啓発（教育活動）は展示やスクールを通して行われるが，近年，学校との連携もさかんになっている．学校側の希望もあり，入館前もしくは見学後に飼育スタッフが展示生物や自然環境に関するレクチャーを行い，生徒たちの質問に答えるスタイル，希望があった学校に飼育スタッフが出向いてレクチャーする出前授業スタイル，パソコンの通信機能を利用して水族館とは離れた学校で行う遠隔授業スタイルなど，さまざ

まな方法がとられているが，いずれも生徒たちや先生にも好評である．

一方，現場の立場からいえば，各水族館の人材は限られており，それぞれ各自の時間も十分ではないため，さまざまな活動に限界があることは認めざるをえない．社会から水族館に対して，今後，ますます求められる保護（保全）活動や普及啓発（教育活動）において，より大きな効果を達成するためには，地域や社会との連携によるより広範なネットワークレベルで保護や普及に取り組む必要があると思う．

（2）研究活動

無脊椎動物に関しては，よほど調べられた種でもない限り，採集，輸送，飼育，繁殖はもちろん，それらの学名を調べて，どのような環境を好み，なにを食べるかを解明するなど，飼育にかかわるすべての作業がそのまま研究だと思う．毎日の飼育が貴重な研究材料の収集であり，その結果はまさに研究成果である．6.1 節で無脊椎動物の繁殖表彰受賞数は 86 例と紹介したが，これらはすべて日本の水族館の大きな研究成果である．

また，日本動物園水族館協会に加盟する園館がその研究成果を報告する動物園水族館雑誌を見ると，1959 年の 1 巻 1 号には「クマノミとサンゴイソギンチャクの共生の観察（その 1）」（奥野・青木，1959）や「グルニオンの卵と稚仔魚及びコウイカの孵出について」（広崎，1959）など無脊椎動物に関連する論文が掲載されている．その後，最新号までを調べてみると，無脊椎動物に関連する論文は約 70 編であった．その内容は，輸送方法，飼育方法，繁殖生態，捕食行動，成長記録，名称に関する調査，分布に関する調査など多岐におよんでいる．70 編はけっして多いとはいえないが，もちろんほかの学術誌に掲載された論文もあり，上記繁殖表彰とあわせて，日本の水族館が歩んできた無脊椎動物を飼育展示することへの挑戦の歴史だと感じる．

この章の冒頭で無脊椎動物など高位の分類群の系統関係がいかに「あやふや」であるかを述べたが，ここで「無脊椎動物の多様性と系統」について論じた白山（2011）の言葉を借りたい．「系統関係の推定に限っていえば，形態分類に基づいた従来の方法は重要な意味を持たなくなってきたともいえる．——中略——これに対し分子系統学は，どの動物同士がより血縁関係が濃いかを，形態情報とは独立したデータに基づいて機械的に教えてくれる．しか

し，両者の共通祖先がどのような動物で，その動物にどのような変化が生じて現在の多様な形の動物たちが生みだされてきたのかには，答えを用意してはくれない」と述べ，21世紀の動物学が取り組むべき課題の1つとして「形態の詳細な観察と，遺伝子のデータに裏打ちされた確固たるストーリーが必要」と述べている．

　筆者は海水と餌のにおいが漂う館内で毎日を過ごしているためか，「生物研究の『生きもの離れ』」を若干憂慮していたが，白山（2011）の言葉に大いに励まされた思いである．まさに，現場の最前線である水族館の活動や発見は，21世紀においても生物研究の基礎の1つであり続けるのである．

第 7 章　これからの水族館

西田清徳

　本章の執筆を始めるにあたり，「このときがきてしまった」というのが筆者の実感である．本書において，筆者は第 5 章と第 6 章の執筆を引き受け，書けば書くほど魚類や無脊椎動物に関する知識や経験不足を感じながら苦闘してきたが，第 7 章を前に，今は途方に暮れている．このような分類方法があるとすればの話だが，筆者は，人口密集地に立地する屋内ビル型の水族館における勤務経験しか持たない．そこから生まれるアイデアも片寄っていないかと不安なのだ．まあ，いいわけはこのくらいにして，若輩の一視点から見た，これからの水族館に対する展望もなにかの役には立つと信じて筆を進めたい．

7.1　これからの展示手法

　第 5 章と第 6 章でも書いたように，日本の水族館が現在でも毎年 3000 万人を超えるお客様を迎えているのは，センス・オブ・ワンダー（神秘さや不思議さに目を見はる感性）を刺激できているからではないかと思う．第 1 章 1.1 節で「『こんな，でかい魚が世の中にいたのか』と驚き，喜びを与えることができる」と内田，第 2 章 2.3 節（1）では「新たな発見と驚きにより，さらなる知的好奇心を喚起することが重要である」と荒井も述べている．お客様の「好奇心」や「驚き」という言葉は，今後もまちがいなくキーワードとなるだろう．

　では，どのようにお客様のセンス・オブ・ワンダー（感性）を刺激し続ければよいのだろうか．第 1 章 1.5 節で内田が述べたように，展示生物をよい状態で飼育することが基本で，さらに飼育技術者による「よき解説」も不可

欠だと思う．パソコンやスマートフォンのモニター越しにさまざまな情報が飛び込んでくる今こそ，お客様と飼育技術者が対面で，そしてたがいの表情を見て，思いを感じながら情報を伝えることが大切なのだ．展示手法に関しても生態展示，行動展示など「見る」ことだけを意識した展示ではなく，荒井が紹介した香港のオーシャンパークのポーラーアドベンチャーのように（第3章3.2節（3），第3章3.4節（3）），展示生物と同じ気温を体感できるなど，あたかも生息地に紛れ込んだと思われるような錯覚を起こさせる「環境一体型展示（ランドスケープイマージョン）」が次世代の展示手法として取り込まれつつある．

ここで，筆者が最近になって思い描いている展示手法を紹介したい．基本的には上記の環境一体型展示（ランドスケープイマージョン）と類似しており，また，美術館などアートの世界では1970年代から実施されている手法である．

筆者のこの発想，そもそもは2つの体感がきっかけになっている．1つめは勤務する海遊館で開館時から10年あまり続けていた飼育技術者による宿直の見回りの際の経験である．この宿直業務は交代で行うため月に1-2回当番となるのだが，夜の10時からと朝の6時から館内の見回りを行う．筆者が感じたのは，朝の見回りの際の「日本の森」展示コーナーの爽快感である．この展示コーナーは建物の8階部分に設けられているが，天井部は高くガラス張りになっており自然光があふれ，人工の岩で基本地形はつくられているが植物はすべて本物で，飼育技術者が育てている．展示生物は多くの植物，コツメカワウソ，オシドリやコサギ，オオサンショウウオ，日本産の淡水魚類などで，各生物はコーナーの中の自然に溶け込むように点在して飼育されている．このコーナーに朝の見回りで足を踏み入れると，お客様が多い通常の昼間とは異なり，滝の音，土や緑の香り，展示生物の鳴き声など，釣りのために渓流に分け入ったときと同じような感覚に浸れるのだ（図7.1）．筆者は10年あまりの北海道生活で，山奥に分け入る渓流釣りにすっかり魅了されている．「日本の森」展示コーナーで飼育技術者の役得として，この爽快感をひとり占めしながら，何度もお客様のひとりひとりにも同じ感覚を味わっていただきたいと思うようになったのである．

2つめの体感は2008年にカナダのモントリオールで開催された米国板鰓

図 7.1 海遊館の「日本の森」展示コーナー.

類学会のシンポジウムに参加した際に，モントリオール近郊のバイオドームという施設を訪れたときのものだ．この施設，もともとは1976年オリンピックの自転車競技場として建設され，その有効利用で1992年には生物展示施設として再オープンしている（図7.2）．屋内型自然展示を目的としてバイオドームと名づけられた本施設では，ラブラドールコースト，ローレンシャン・メープルフォレスト，セントローレンス湾（図7.3），熱帯雨林，亜南極諸島など南北アメリカの生態系を再現する展示コーナーがある．筆者が驚いたのはセントローレンス湾展示コーナーだ．写真（図7.3）や文章では伝わりにくいと思うが，このコーナーに入ると独特の海の香りと肌触りに包まれ，「北海道南茅部の臼尻の海と同じだ」と思ってしまった．じつは噴火湾に面した臼尻には筆者の母校である北海道大学の実験所があり，学生時代に何度も潜水調査を行った経験がある．そのとき，真夏でも早朝から午前中は沿岸部にガスが発生して視界が悪いことが多く，海や海藻のにおいが混ざった独特の香り，独特の湿気が立ち込めていた．このなつかしい感覚（肌触

図 7.2 カナダ・モントリオールのバイオドーム.

図 7.3 バイオドームのセントローレンス湾展示コーナー.

りや香り)をカナダのモントリオールの屋内施設で一瞬にして思い出したのだ．バイオドーム内に再現されたセントローレンス湾の展示には魚類展示を行う大型水槽の広い水面があり，ミストを利用した独特の湿り気もあり，その中を来館者は散策しながら見学する方式となっている．そして，ウミネコなど水鳥が放し飼いされ，ときおり，頭上をかすめて飛んでいるのだ．

この2つの体験から，お客様の視線の先に展示するのではなく，お客様もその一部として取り込まれるような空間の展示を行いたいと思うようになった．そんなとき，当館の企画会議でお会いしたインタラクティブアーティストの松尾高弘氏から，「インスタレーションアート」という言葉を教えていただいた．インスタレーションアートという言葉は1970年代から使われており，「場所や空間全体を作品として体験させる芸術の手法」だそうだが，これを実現する「インスタレーション展示」こそが，筆者のセンス・オブ・ワンダーを刺激する水族館の新しい展示手法だと考えている．

さらに，展示手法というより経営手法といえるかもしれないが，もう1つ気になる海外の水族館がある．それは2005年にオープンしたアメリカのアトランタにあるジョージア水族館である．この水族館は巨大水槽で有名だが，筆者が注目するのは将来に向けた計画である．ジョージア水族館は中心部分が休憩スペースになっており(図7.4)，そのまわりに展示コーナーへの入口が位置する構造で，花にたとえると，まわりの花弁部分が展示スペース，雄しべ雌しべのある中心部分が休憩スペースなのだ．筆者はオープン前後に2回ジョージア水族館を訪問したが，その際，案内してくれた方より，「ここの壁は簡単に壊すことができ，外にはスペースがあるので，数年後には新しい展示コーナーをつくることを想定している」との説明を聞いた．その後，実際に鯨類を展示するコーナーが増設され，お客様にも好評だと聞いたが，まさに花弁が1枚増えたのである．

本来，水族館は生物を展示しており，生物は毎日同じ動きをするわけではないので，その姿に飽きることはないはずである．現に勤務する飼育技術者が展示生物に飽きることはなく，むしろ毎日新たな発見もある．ただ，お客様の反応はどうだろうか．飼育技術者の見せて伝える努力が足りない部分も多いのだろうが，どうしても「新しい」「めずらしい」体験を求められてしまう．これでは，言葉は悪いが「箱ものは右肩下がり」と表現されても仕方

196　第7章　これからの水族館

図 7.4　アメリカ・アトランタのジョージア水族館.

がない．上記のジョージア水族館のオープン当初からの将来計画は，この問題の解決策の1つだと思う．当時，説明してくれた方は「この構造なら，将来それぞれの展示が古くなったときに，その入口を閉めて，新しい展示に順次リニューアルすることも簡単だ」と自慢されていたのを思い出す．

7.2　大切なつながり

　2011（平成23）年3月11日の東日本大震災が私たちに教えてくれたことは多い．水族館の世界でもふくしま海洋科学館（アクアマリンふくしま）をはじめ多くの施設が被害を受け，今も地域とともに復興に取り組んでいる．震災直後から日本動物園水族館協会に加盟する各園館も，被災地区復興のための募金集めはもちろん，被害を受けた園館への餌料や機材などの物資輸送，展示生物の一時預り，再開に向けた展示生物の収集に関する協力など，従来以上に一体感を強めてきた．そんな中，「つながり」や「絆（きずな）」という言葉を

耳にすることが多くなってきたが，地球上に暮らす私たちにとって，人と人とのかかわりはなによりも大切なものだと思う．

　筆者の勤務する海遊館は博物館相当施設に認定されており，学芸員資格を取得するための実習，飼育や獣医の実習など将来水族館に勤務することを希望する学生たちに接する機会が多い．その際に必ず話すことの1つが「社会に出る前からコミュニケーション能力を高める努力をしてください」ということだ．水族館で飼育展示する生物は個人のペットではない．飼育技術者は24時間365日の勤務ではなく，チームをつくり交代で生物のめんどうを見ることになる．当然，前日から翌日の担当者への引き継ぎは非常に重要で，「ここが痛い」といってくれない生物たちの微妙な兆候をいち早く発見する目を養うことと，その兆候をチームの仲間に正確に伝えなければならない．その後の対応や処置については，獣医も含めて皆で相談する必要もある．基本的なコミュニケーション能力が発揮される場面である．

　水族館で必要とされるのは，孤高の人やイエスマンではなく，人の意見を聞き，その立場も理解して，自分の意見も伝えることができる人である．第5章5.2節でも述べたが，飼育技術者にとって，生物の収集のために漁師さんとの信頼関係を築くことは必須条件である．また，館内のさまざまな場面で，お客様との会話，明るくわかりやすい解説を求められることも多い．飼育技術者は「動物好きの変人」という時代は終わりつつあると思う．極端ないい方だが，同じ種類の間で十分に意思伝達さえできない生きものがほかの種類を理解するのは至難の業だ．

7.3　創りたい水族館

　水族館に勤務する者に「予算やスペース，組織のしがらみも気にせず，自分が理想とする水族館を自由に発想してください」といえば，おそらく人数分のさまざまなプランができあがる．どれが良い悪いでなく，それこそ「多様性」である．ここで，筆者がこれまで本章で述べてきた考えをもとに，頭と心の中で創ったり壊したりしている「展示施設」を紹介したい．なぜ，水族館ではなく展示施設と書いたのか．第1章で内田が述べているように，現状では動物園と水族館には基本的環境が空気中か水中か，さらに展示生物の

収集方法にも違いがある．また，訪れる人々も「動物園と水族館はなんとなく違う」と思っているのはまちがいない．しかし，地球環境や生物多様性の大切さや必要性を訴えるべき動物園や水族館の将来に区分が必要だろうか．さらに植物園や昆虫館とも分けるべきなのか．もちろん口でいうのは簡単で，飼育技術や環境，それぞれの専門家，さまざまな運営母体，従来の経緯や歴史など一筋縄ではいかないことをわかったうえでの理想論として，筆者は「環境と生物の多様性展示施設」を創り出したい．

　筆者が勤務したのは都会のスペースも限られたビル型水族館だけで，経験も片寄っている．そのため，豊かな自然環境に立地する水族館の方なら想像するはずもない，大規模な屋内施設を実現性も顧みずに思い描いている．気候も含めた環境と，そこに生息する動植物を生物群系（バイオーム）と表現することがあるが，筆者はこれを屋内で再現したいのだ．陸上では「ツンドラ」「針葉樹林」「照葉樹林」「熱帯雨林」「サバンナ」「砂漠」など，海の中にも「極圏海域」「温帯海域」「熱帯海域」，さらに水深で「浅海」「深海」など生物群系は存在する．

　皆さんはドーム球場をご存じだろうか．野球ファンの方やコンサートで利用された方には想像が容易だと思うが，非常に大きな空間である．このドームに1つの生物群系（バイオーム）を再現してみたい．ドームに入ると熱帯雨林の樹冠部が広がっており，鳥の鳴き声や滝の水音が彼方から伝わってくる．蒸し暑い中，つり橋のような通路を進むうちに薄暗くなり，樹冠から中間層そして林床へと，生息する展示生物もさまざまに変化する．つぎのドームでは私たち日本人の原風景である里山が見渡せる．ここには雑木林や小川，畑や田んぼなど，人と自然の共存を再現．来館者にも体験してもらいたい．砂漠のドームでは，砂中の生物の暮らしもトンネルなど利用して観察してもらえないだろうか．海を表現する水槽も，側面からアクリルパネル越しに見るだけでなく，水面や海底からも観察できる工夫がほしい．深海には潜水艇で潜るのも楽しいと思う．

　細かい工夫を書けばきりがないので，たんなる夢を語るのはここまでとするが，要するに筆者が思い描いているのはモントリオールのバイオドーム（前出）で見たような空間に，肌で感じられる環境を再現し，そこに生息する生物を展示する場所である．このような案を企画会議に提出したら「場所

は？予算は？費用対効果は？」などの質問に対して，筆者自身が答えに窮するだろう．社会でエネルギー問題やエコが課題とされる中，わざわざ大規模な屋内施設を考えること自体が時代に逆行しているし，現時点で存在する貴重な自然を傷つけずに有効利用する方法を考えるほうがまともである．さらに極言すれば，第1章の冒頭で内田が述べているように，社会の大半の人々が不要だと判断すれば，動物園や水族館の存続は危うい．悠長に「どんな水族館を創りたいか」などと考える前に，社会は「水族館（だけでなく生物を飼育展示するさまざまな施設）」になにを求めているのか．こちらを真剣に考えるのが先決課題だと思う．

どんな手法にしろ，「環境と生物の多様性展示施設」を通して，筆者が実現したいと思うのは，お客様に地球上のさまざまな環境とそこに生息する生物のすばらしさや大切さを「心で感じてもらう」ことである．

7.4 水族館の課題

前節後半に「社会の要望次第で動物園や水族館の存続が危うい」と書いたが，ここで現在の日本動物園水族館協会の課題とその解決に向けた取り組みについて紹介したい．本協会は1939年の発足以来，動物園，水族館事業の発展振興を図り，そして日本の科学と文化の発展や自然環境の保全に貢献，人と自然が共存できる社会の実現に寄与することを目的として活動しており，2010年からは協会の組織再構築と公益社団法人（2012年4月より）にふさわしい事業の推進を目的とした改革に取り組んでいる．2013年現在の協会会長は富山市ファミリーパークの山本茂行園長で，副会長は本書の執筆者でもある鴨川シーワールドの荒井一利館長（2014年から会長）と，名古屋市東山動物園の橋川央園長である．同じく執筆者の沖縄美ら海水族館の内田詮三名誉館長も長年協会の理事として，その後も会友として協会事業に尽力されている．

現在，本協会が大きな課題ととらえているのは「協会に属する動物園や水族館の活動を社会に広く伝え，各園館で得られた知見や技術を社会に還元する」ことであり，「動物園水族館が日本社会に必要な存在であり続けるために為すべきことを自問自答し，一般の声にも耳を傾ける」ことである．

200　第7章　これからの水族館

　これらの取り組みの一環として始まったのが「いのちの博物館の実現に向けて——消えていいのか，日本の動物園・水族館」というシンポジウムの開催である．2012年に第1回が東京で，第2回は熊本で開催された．2013年には第3回が京都で，第4回は広島で行われ，今後も同様のシンポジウムが各地で開催される予定である．このシンポジウムには広く一般から参加者を募り，協会会長の講演や開催地周辺に立地する施設の園館長の講演，関係有識者とのパネルディスカッションなど，現状の動物園水族館が抱える問題を皆で議論する場となっている．第2回の熊本で配布されたリーフレットには，協会関係者や有識者から構成された広報戦略会議が1年にわたる協議の末にまとめた協会に対する5つの提言が載せられている（図7.5）．①協会は日本の動物園水族館の進むべき明確な将来像を示すべきである，②協会は動物園水族館が持つ倫理や福祉についてより高い行動規範を広めるべきである，③協会は日本の動物園水族館の連携を強化するべきである，④協会は動物園水族館における人材育成を進めるべきである，⑤協会は情報発信を強化すべ

図7.5　日本動物園水族館協会への5つの提言．

きである．先に述べた2つの課題と重なる部分も多いが，それぞれが深い意味を持つ提言であり，「消えてしまわない」ためには真摯に受け止める必要がある．

筆者はこれらの課題を，私たち個々人も水族館という組織でも「自己研鑽は必須で，自己の思いや活動・成果を正しく他者に伝え，他者の思いもしっかり聞いて理解し，今だけでなく10年，いや，さらに先を見据えて歩いていく」ことが大切なのだと理解している．

筆者が海遊館の仲間とつねに話しているのは「進化を持続する（サステイナブル・イボリューション）水族館を目指そう」ということだ．この場合の進化とは「環境の変化に適応する」という意味である．つねに社会の変化やお客様の要望を感じ取り，水族館になにが求められているのか，水族館はなにをすべきかを考える．地球上のあらゆる生物が実行しているこれらの努力を怠り，判断を誤ると，瞬く間に「絶滅危惧種」に指定されるだろう．

引用文献

[第1章]

新井重三. 1976. 博物館学総論（博物館学講座1）. 雄山閣, 東京.
中川志郎. 1984. 動物園の歴史と役割. 動物と自然, 14 (13) : 2-6.
日本動物園水族館協会. 1995. 新・飼育ハンドブック　水族館編1. 日本動物園水族館協会, 東京.
日本動物園水族館協会. 2012. 日本動物園水族館年報別冊（飼育動物一覧表）（平成23年度）. 日本動物園水族館協会, 東京.
日本動物園水族館協会. 2012. 日本動物園水族館年報（平成23年度）. 日本動物園水族館協会, 東京.
Soma, H., N. Murai, K. Tanaka, T. Oguro, H. Kokuba, I. Yoshihama, K. Fujita, S. Mineo, M. Toda, S. Uchida and T. Mogoe. 2013. Review : Exploration of placentation from human beings to ocean-living species. Placenta 34, Supplement A, Trophoblast Research, 27 (2013) : S17-S23.
鈴木克美・西源二郎. 2010. 新版水族館学——水族館の発展に期待をこめて. 東海大学出版会, 秦野.

[第2章]

阿久根雄一郎. 2008. シロイルカの飼育下繁殖. 海洋と生物, 30 (1) : 44-49.
Allen, J. A. 1880. History of North American Pinnipeds : A Monograph of the Walruses, Sea-Lions, Sea-Bears and Seals of North America. U.S. Geological and Geographical Survey of the Territories, Miscellane Publications. No. 12. Governmental Printing Office, Washington, D.C.
荒井一利. 1995. 鰭脚類の餌料.（日本動物園水族館協会教育指導部, 編：新・飼育ハンドブック　水族館編　第1集　繁殖・餌料・病気）pp. 158-161. 日本動物園水族館, 東京.
荒井一利. 2006. 海生哺乳類の展示2. 鰭脚類.（日本動物園水族館協会教育指導部, 編：新・飼育ハンドブック　水族館編　第4集　展示・教育・研究・広報）pp. 27-31. 日本動物園水族館協会, 東京.
荒井一利. 2010. 鰭脚類の飼育.（村山司・祖一誠・内田詮三, 編：海獣水族館——飼育と展示の生物学）pp. 92-106. 東海大学出版会, 秦野.
Arkush, K. D. 2001. Water quality. *In*（Dierauf, L. A. and M. D. Gulland, eds.）CRC Handbook of Marine Mammal Medicine. 2nd ed. pp. 779-790. CRC Press, Boca

Raton.
朝倉無聲．1977．見世物研究．思文閣出版，京都．
浅野四郎．2010．海牛類の飼育．(村山司・祖一誠・内田詮三，編：海獣水族館──飼育と展示の生物学) pp. 92-106．東海大学出版会，秦野．
Boness, D. J. 1996. Water quality management in aquarium mammal exhibits. *In* (Kleiman, D. G., M. E. Allen, K. V. Thompson and S. Lumpkin, eds.) Wild Mammals in Captivity, Principles and Techniques. pp. 231-242. The University of Chicago Press, Chicago.
Bossart, G. D. 2001. Manatees. *In* (Dierauf, L. A. and M. D. Gulland, eds.) CRC Handbook of Marine Mammal Medicine. 2nd ed. pp. 939-960. CRC Press, Boca Raton.
Collet, A. 1984. Live-capture of cetaceans for European institutions. Reports of the International Whaling Commission, 34 : 603-607.
Couquiaud, L. 2005. Introduction. Aquatic Mammals, 31 (3) : 283-287.
Crandall, L. S. 1964. The Management of Wild Mammals in Captivity. The University of Chicago Press, Chicago.
Defran, R. H. and K. Pryor. 1980. The behavior and training of cetaceans in captivity. *In* (Herman, L. M. ed.) Cetacean Behavior : Mechanisms and Functions. pp. 319-358. John Wiley & Sons, New York.
古田彰．1995．裂脚類（ラッコ）の餌料．(日本動物園水族館協会教育指導部，編：新・飼育ハンドブック 水族館編 第1集 繁殖・餌料・病気) pp. 168-170．日本動物園水族館協会，東京．
ヘディガー，H.（今泉吉春・今泉みね子訳）．1983．文明に囚われた動物たち──動物園のエソロジー．思索社，東京．
Hiatt, M. and K. Tillis. 1997. The beluga whale (*Delphinapterus leucas*). Soundings, 22 (1) : 22-31.
堀由紀子・藤本朝海・佐藤勝敏・谷村俊介・竹嶋徹夫・高井純一（編）．1994．江ノ島水族館資料 No. 12 開館40周年記念．江ノ島水族館，藤沢．
井上貴央・中村一恵．1995．ニホンアシカの復元にむけて（13）動物園で飼育されたニホンアシカ．海洋と生物，17 (3) : 215-221．
磯野直秀．2012．日本博物誌総合年表．平凡社，東京．
Jefferson, T. A., M. A. Webber and R. L. Pitman. 2008. Marine Mammals of the World : A Comprehensive Guide to Their Identification. Academic Press/Elsevier, London.
Joseph, B. and J. Antrim. 2010. Special considerations for the maintenance of marine mammals in captivity. *In* (Kleiman, D. G., K. V. Thompson and C. K. Baer, eds.) Wild Mammals in Captivity, Principles and Techniques for Zoo Management. 2nd ed. pp. 181-191. The University of Chicago Press, Chicago.
神谷敏郎・内田詮三・鳥羽山照夫・吉田征紀．1979．ジュゴンの観察（1）比較解剖の立場から．鯨研通信，325 : 163-172．
加藤秀弘・中村玄．2012．鯨類海産哺乳類学（第2版）．生物研究社，東京．
勝俣悦子．2008．飼育下におけるシャチの繁殖．海洋と生物，30 (1) : 50-57．

勝俣悦子．2010．鯨類・鰭脚類の健康管理と繁殖．（村山司・祖一誠・内田詮三，編：海獣水族館——飼育と展示の生物学）pp. 152-167．東海大学出版会，秦野．

北村正一．2008．バンドウイルカの繁殖への取り組み．海洋と生物，30（1）：6-16．

小宮輝之．2010．物語　上野動物園の歴史．中央公論新社，東京．

幸島司郎・小林洋美・久世濃子・関口雄祐・荒井一利・酒井麻衣・岩崎真里・松林尚志・喜安薫．2008．飼育個体の観察から何がわかるか？——サル，イルカ，マメジカ，サイの事例から．哺乳類科学，48（1）：159-167．

Kuczaj, S. A. II. 2010. Research with captive mammals is important : an introduction to the special issue. International Journal of Comparative Psychology, 23 (3) : 225-226.

京都市動物園．2003．京都市動物園100周年記念誌——京都市動物園100年のあゆみ．京都市動物園，京都．

Maxwell, G. 1967. Seals of the World. Constable & Co., London.

McBain, J. F. 2001. Cetacean medicine. In (Dierauf, L. A. and M. D. Gulland, eds.) CRC Handbook of Marine Mammal Medicine. 2nd ed. pp. 896-960. CRC Press, Boca Raton.

宮原弘和．1995．海牛類の繁殖1．マナティー．（日本動物園水族館協会教育指導部，編：新・飼育ハンドブック　水族館編　第1集　繁殖・餌料・病気）pp. 138-142．日本動物園水族館協会，東京．

宮原弘和．2010．海牛類（マナティー）の繁殖．（村山司・祖一誠・内田詮三，編：海獣水族館——飼育と展示の生物学）pp. 172-180．東海大学出版会，秦野．

Morisaka, T., S. Kohsima, M. Yoshioka, M. Suzuki and F. Nakahara. 2010. Recent studies on captive cetaceans in Japan : working in tandem with studies on cetaceans in the wild. International Journal of Comparative Psychology, 23 (4) : 644-663.

中島将行．1990．ラッコの生活．（宮崎信之・粕谷俊雄，編：海の哺乳類——その過去・現在・未来）pp. 218-228．サイエンティスト社，東京．

中島将行・花島治作・山田二郎．1978．過去50年間に三津水族館において飼育された小型鯨類．動物園水族館雑誌，20（4）：93-97．

Norris, K. S. 1974. The Porpoise Watcher. Norton, New York.

O'Brien, J. K. and T. R. Robeck. 2010. The value of *ex situ* cetacean populations in understanding reproductive physiology and developing assisted reproductive technology for *ex situ* and *in situ* species management and conservation efforts. International Journal of Comparative Psychology, 23 (3) : 227-248.

小川鼎三．1973．鯨の話．中央公論社，東京．

Reeves, R. R. and J. G. Mead. 1999. Marine mammals in captivity. In (Twiss, J. R. Jr. and R. R. Reeves, eds.) Conservation and Management of Marine Mammals. pp. 412-436. Smithsonian Institution Press, Washington, D.C.

Rice, D. W. 1998. Marine Mammals of the World : Systematics and Distribution. Special Publication No. 4. Society for Marine Mammalogy.

園田成三郎．1995．海牛類の飼料 1．マナティー．（日本動物園水族館協会教育指導部，編：新・飼育ハンドブック　水族館編　第 1 集　繁殖・餌料・病気）pp. 162-163．日本動物園水族館協会，東京．

鈴木克美．2003．浅草公園水族館覚え書．東海大学博物館研究報告「海・人・自然」，5：43-55．

鈴木克美・西源二郎．2010．新版水族館学——水族館の発展に期待をこめて．東海大学出版会，秦野．

鳥羽山照夫．1990．動物園水族館と海の哺乳類．（宮崎信之・粕谷俊雄，編：海の哺乳類——その過去・現在・未来）pp. 283-293．サイエンティスト社，東京．

鳥羽山照夫．2002．鯨類飼育の歴史と今後の展望．動物園水族館雑誌，43：35-44．

東京都（編）．1982．上野動物園百年史．東京都．

東京都・東京動物園協会（編）．2009．葛西臨海水族園 20 周年記念誌．東京都・東京動物園協会．

Tuomi, P. 2001. Sea otters. *In* (Dierauf, L. A. and M. D. Gulland, eds.) CRC Handbook of Marine Mammal Medicine. 2nd ed. pp. 961-987. CRC Press, Boca Raton.

内田詮三．2006．研究．（日本動物園水族館協会教育指導部，編：新・飼育ハンドブック　水族館編　第 4 集　展示・教育・研究・広報）pp. 151-158．日本動物園水族館協会，東京．

内田詮三．2010．イルカ飼育の歴史．（村山司・祖一誠・内田詮三，編：海獣水族館——飼育と展示の生物学）pp. 12-27．東海大学出版会，秦野．

内田詮三・鳥羽山照夫・吉田征紀．1978．ジュゴンの飼育例．動物園水族館雑誌，20（1）：11-17．

若井嘉人．1995．海牛類の餌料 2．ジュゴン．（日本動物園水族館協会教育指導部，編：新・飼育ハンドブック　水族館編　第 1 集　繁殖・餌料・病気）pp. 164-167．日本動物園水族館協会，東京．

米澤隆弘・甲能直樹・長谷川政美．2008．鰭脚類の起源と進化．統計数理，56（1）：81-99．

吉岡基．2006．飼育イルカの繁殖生理に関する基礎と応用研究．海洋と生物，28（4）：378-390．

[第 3 章]

Beall, F. and S. Branch. 2003. Housing and enclosure requirements. *In* (Penguin Taxon Advisory Group, ed.) Penguin Husbandry Manual. 2nd ed. pp. 5-12. American Zoo and Aquarium Association, Silver Spring.

堂前弘志・北地真理子・北川和也・小木曽正造・桐原陽子．2008．マゼランペンギンの趾瘤症におけるドレッシング材と足底保護具による治療例．動物園水族館雑誌，49（4）：103-110．

伊東隆臣・三木真理子．2011．飼育下オウサマペンギンの性別および繁殖ステージに関する血液化学値の変動．動物園水族館雑誌，52（2）：35-46．

小宮輝之．2010．物語　上野動物園の歴史．中央公論新社，東京．

栗田正徳．2011．日本における飼育下のペンギン類の個体数動態——現在・過去・

未来（要旨）．（日本動物園水族館協会，編：第17回種保存会議議事資料）p. 15．日本動物園水族館協会，東京．
Naito, Y. 2010. What is "bio-logging"? Aquatic Mammals, 36 (3) : 308-322.
Penguin Taxon Advisory Group. 2003. Penguin Husbandry Manual. 2nd ed. American Zoo and Aquarium Association, Silver Spring.
白井和夫．2006．長崎水族館とペンギンたち．長崎ペンギン水族館，長崎．
Todd, F. S. 1978. Penguin husbandry and breeding at Sea World, San Diego. International Zoo Yearbook, 18 : 72-77.
Todd, F. S. 1987a. The Penguin Encounter at Sea World, San Diego. International Zoo Yearbook, 26 : 104-109.
Todd, F. S. 1987b. Techniques for propagating king and emperor penguins. International Zoo Yearbook, 26 : 110-124.
東京都（編）．1982．上野動物園百年史．東京都．
Wallace, R. and M. Walsh. 2003. Health. *In* (Penguin Taxon Advisory Group, ed.) Penguin Husbandry Manual. 2nd ed. pp. 86-97. American Zoo and Aquarium Association, Silver Spring.
ウィリアムズ，T. D.・R. P. ウィルソン・P. D. ボースマ・D. L. ストークス（ペンギン会議訳）．1998．ペンギン大百科．平凡社，東京．

[第4章]

亀崎直樹．1983．知多半島でふ化したウミガメがアカウミガメとタイマイとの雑種の可能性について．爬虫両棲類学雑誌，10 : 52-53.
亀崎直樹（編）．2012．ウミガメの自然誌——産卵と回遊の生物学．東京大学出版会，東京．
Kamezaki, N. and M. Matsui. 1995. Geographic variation in skull morphology of the green turtle, *Chelonia mydas*, with a taxonomic discussion. Journal of Herpetology, 29 (1) : 51-60.
鴨川シーワールド．2006．宿題調査——ウミガメの飼育．動物園水族館雑誌，47 (2) : 39-52.
河津勲・澤向豊・前田好美・内田詮三．2008．タイマイの精液採取について．第19回日本ウミガメ会議 in 明石・講演要旨集：42.
河津勲・前田好美・高橋良輔・山岡理子・澤向豊・内田詮三．2009．タイマイの精液採取適期について．第20回日本ウミガメ会議 in 宮崎・講演要旨集：50.
河津勲・澤向豊・前田好美・木野将克・内田詮三．2011．タイマイのオキシトシン投与による産卵誘起．第22回日本ウミガメ会議 in 沖永良部・講演要旨集：78.
Kawazu, I., M. Suzuki, K. Maeda, M. Kino, M. Koyago, M. Moriyoshi, K. Nakada and Y. Sawamukai. 2014. Ovulation induction with follicle-stimulating hormone administration in hawksbill turtles *Eretmochelys imbricata*. Current Herpetology, 33 (1) : 88-93.
木野将克・河津勲・前田好美・内田詮三．2010．ウミガメ類の血中セレン濃度について．第21回日本ウミガメ会議（原会議）・講演要旨集：61.

前田好美・木野将克・河津勲・柳澤牧央・内田詮三．2012．アカウミガメ幼体の適正餌料の検討．動物園水族館雑誌，53 (1)：24．

前田好美・木野将克・河津勲・柳澤牧央・宮原弘和・内田詮三．2013．アカウミガメ幼体の初期餌料における必要栄養について．動物園水族館雑誌，53 (4)：141．

日本動物園水族館協会．2012．日本動物園水族館協会会報別冊（飼育動物一覧表）（平成23年度）．日本動物園水族館協会，東京．

日本動物園水族館協会教育指導部（編）．1995．新・飼育ハンドブック　水族館編　第1集　繁殖・餌料・病気．日本動物園水族館協会，東京．

日本動物園水族館協会教育指導部（編）．1997．新・飼育ハンドブック　水族館編　第2集　収集・輸送・保存．日本動物園水族館協会，東京．

日本動物園水族館協会教育指導部（編）．1999．新・飼育ハンドブック　水族館編　第3集　概論・分類・生理・生態．日本動物園水族館協会，東京．

日本動物園水族館協会教育指導部（編）．2006．新・飼育ハンドブック　水族館編　第4集　展示・教育・研究・広報．日本動物園水族館協会，東京．

Njorman, I. S. and I. Uchida. 1982. Preliminary studies on the growth and food consumption of the juvenile loggerhead turtle (*Caretta caretta* L.) in captivity. Aquaculture, 27：157-160.

千石正一・疋田努・松井正文・仲谷一宏．1996．日本動物大百科　第5巻　両生類・爬虫類・軟骨魚類．平凡社，東京．

鈴木克美・西源二郎．2010．新版水族館学——水族館の発展に期待をこめて．東海大学出版会，秦野．

Uchida, S. and H. Teruya. 1991. A) Transpacific migration of a tagged loggerhead, *Caretta caretta*. B) Tag-return results of loggerheads released from Okinawa Island, Japan. Proceedings of International Symposium on Sea Turtles '88 in Japan. Himeji-City Aquarium：169-182.

植田啓一・小松忠人・岡村幸一・内田詮三．2002．ミナミバンドウイルカとオキゴンドウにおける抗菌剤オルビフロキサシンの血中動態について．動物園水族館雑誌，44 (1)：8-15．

柳澤牧央・五十嵐一雄．2009．水生動物におけるセフォベシンナトリウム血中濃度動態．第15回日本野生動物医学会大会・講演要旨集：72．

吉岡基・亀崎直樹．2000．イルカとウミガメ——海を旅する動物のいま．岩波書店，東京．

[第5章]

秋山廣光．2008．硬骨魚類の収集4．淡水魚．（日本動物園水族館協会教育指導部，編：新・飼育ハンドブック　水族館編　第2集　収集・輸送・保存）pp.21-25．日本動物園水族館協会，東京．

浅井ミノル．2008．硬骨魚類の輸送3．船舶による輸送．（日本動物園水族館協会教育指導部，編：新・飼育ハンドブック　水族館編　第2集　収集・輸送・保存）pp.65-68．日本動物園水族館協会，東京．

花野政之. 2008. 関係法令・手続き. (日本動物園水族館協会教育指導部, 編：新・飼育ハンドブック 水族館編 第2集 収集・輸送・保存) pp. 5-8. 日本動物園水族館協会, 東京.

池田清彦. 2011.「進化論」を書き換える. 新潮社, 東京.

石田勲. 2010. 濾過循環設備. (日本動物園水族館協会教育指導部, 編：新・飼育ハンドブック 水族館編 第5集 施設管理運用危機管理・トレーニング) pp. 33-36. 日本動物園水族館協会, 東京.

金銅義隆. 2008. 収集（総論）. (日本動物園水族館協会教育指導部, 編：新・飼育ハンドブック 水族館編 第2集 収集・輸送・保存) pp. 1-4. 日本動物園水族館協会, 東京.

長井健生. 2008. 硬骨魚類の輸送2. 車両による輸送. (日本動物園水族館協会教育指導部, 編：新・飼育ハンドブック 水族館編 第2集 収集・輸送・保存) pp. 61-64. 日本動物園水族館協会, 東京.

Nakabo, T. ed. 2002. Fishes of Japan with Pictorial Keys to the Species, English ed. Tokai University Press, Tokyo.

Nelson, J. S. 1976. Fishes of the World. Wiley-Interscience, New York.

Nelson, J. S. 1984. Fishes of the World. 2nd ed. John Wiley & Sons, New York.

Nelson J. S. 1994. Fishes of the World. 3rd ed. John Wiley & Sons, New York.

Nelson J. S. 2006. Fishes of the World. 4th ed. John Wiley & Sons, New York.

日本動物園水族館協会. 2008. 日本の動物園水族館総合報告書. 日本動物園水族館協会, 東京.

榊原茂. 2009. 餌料（総論）. (日本動物園水族館協会教育指導部, 編：新・飼育ハンドブック 水族館編 第1集 繁殖・餌料・病気) pp. 61-66. 日本動物園水族館協会, 東京.

桜井博. 2008. 輸送（総論）. (日本動物園水族館協会教育指導部, 編：新・飼育ハンドブック 水族館編 第2集 収集・輸送・保存) pp. 53-56. 日本動物園水族館協会, 東京.

佐名川洋之. 2008. 硬骨魚類の輸送1. 酸素パックによる輸送. (日本動物園水族館協会教育指導部, 編：新・飼育ハンドブック 水族館編 第2集 収集・輸送・保存) pp. 57-60. 日本動物園水族館協会, 東京.

鈴木克美・西源二郎. 2010. 新版水族館学──水族館の発展に期待をこめて. 東海大学出版会, 秦野.

多田満. 2011. レイチェル・カーソンに学ぶ環境問題. 東京大学出版会, 東京.

谷村俊介. 2009. 魚類の餌料. (日本動物園水族館協会教育指導部, 編：新・飼育ハンドブック 水族館編 第1集 繁殖・餌料・病気) pp. 71-76. 日本動物園水族館協会, 東京.

戸田実. 2008. 板鰓類の輸送. (日本動物園水族館協会教育指導部, 編：新・飼育ハンドブック 水族館編 第2集 収集・輸送・保存) pp. 72-76. 日本動物園水族館協会, 東京.

塚本博一. 2009. 魚類の飼育環境と病気. (日本動物園水族館協会教育指導部, 編：新・飼育ハンドブック 水族館編 第1集 繁殖・餌料・病気) pp. 100-103. 日本動物園水族館協会, 東京.

津崎順. 2011. 展示計画と実施. (日本動物園水族館協会教育指導部, 編: 新・飼育ハンドブック　水族館編　第4集　展示・教育・研究・広報) pp. 5-11. 日本動物園水族館協会, 東京.

内田詮三. 2011. 研究. (日本動物園水族館協会教育指導部, 編: 新・飼育ハンドブック　水族館編　第4集　展示・教育・研究・広報) pp. 151-158. 日本動物園水族館協会, 東京.

安永正. 2008. 硬骨魚類の輸送 4. 航空機による輸送. (日本動物園水族館協会教育指導部, 編: 新・飼育ハンドブック　水族館編　第2集　収集・輸送・保存) pp. 69-71. 日本動物園水族館協会, 東京.

[第6章]

Adl, S. M., A. G. B. Simpson, M. A. Farmer, R. A. Andersen, O. R. Anderson, J. R. Barta, S. S. Bowser, G. Brugerolle, R. A. Fensome, S. Fredericq, T. Y. James, S. Karpov, P. Kugrens, J. Krug, C. E. Lane, L. A. Lewis, J. Lodge, D. H. Lynn, D. G. Mann, R. M. Mccourt, L. Mendoza, O. Moestrup, S. E. Mozley-Standridge, T. A. Nerad, C. A. Shearer, A. V. Smirnov, F. W. Spiegel and M. F. J. R. Taylor. 2005. The new higher level classification of Eukaryotes with emphasis on the taxonomy of Protists. Journal of Eukaryotic Microbiology, 52 (5): 399-451.

広崎芳次. 1959. グルニオンの卵と稚仔魚及びコウイカの孵出について, 動物園水族館雑誌, 1 (1): 17.

久保田信. 2011. 刺胞動物門. (白山義久, 編: 無脊椎動物の多様性と系統 (節足動物を除く)) pp. 108-112. 裳華房, 東京.

宮崎勝己. 2008. 節足動物における分類学の歴史. (石川良輔, 編: 節足動物の多様性と系統) pp. 2-4. 裳華房, 東京.

中川秀人. 2002. オワンクラゲの周年展示について. 海遊館機関誌かいゆう, 8 (2): 4-5.

大久保修三・辻井禎・黒川忠英・鈴木徹・船越将二. 1997. ウコンハネガイ (*Ctenoides ales*) 外套膜の発する閃光の機序について. 貝類学雑誌, 56 (3): 259-269.

奥野良之助・青木孝賢. 1959. クマノミとサンゴイソギンチャクの共生の観察 (その1), 動物園水族館雑誌, 1 (1): 8-11.

白山義久. 2011. 無脊椎動物学の展望. (白山義久, 編: 無脊椎動物の多様性と系統 (節足動物を除く)) p. 46. 裳華房, 東京.

多田満. 2011. レイチェル・カーソンに学ぶ環境問題. 東京大学出版会, 東京.

Woese, C. R., O. Kandler and M. L. Wheelis. 1990. Towards a natural system of organisms: proposal for the domains Archaea, Bacteria, and Eucarya. Proccedings of the National Academy of Sciences of U. S. A., 87 (12): 4576-4579.

おわりに

　東京大学出版会編集部の光明義文氏から本書執筆のお話をいただいたのは2008年のことであった．Natural History Series では，博物館，植物園，動物園をテーマにした本はすでに出版され，このグループの最後として水族館を出す予定であるとのことであった．

　指名していただいたのは光栄であったが，当初はお断りした．水族館の仕事が忙しいこともあったが，なによりも文章を書く能力と速度が，年とともに格段に落ちているのを痛感していたからである．おそらくほかの人が書くことになったのであろうと思っていたが，「共著でもよいので，ぜひお願いしたい」という手紙を再びいただき，事が始まったのであった．

　水族館飼育者は「海獣屋」と「魚屋」に分けられる．共著者の荒井一利氏は前者であり，海獣――水生哺乳類の中でもアシカ・アザラシ・セイウチなどの鰭脚類を北海道大学在学中から専門としている．現在は鴨川シーワールドの館長である．同館の初代館長は故・鳥羽山照夫博士であり，筆者は1961年の伊東水族館以来2003年まで，42年間を博士とともに水族館屋として人生を歩んだ．荒井氏は鳥羽山博士以後の館長の中で，水族館人および社会人としての鳥羽山精神のもっともよき継承者なので，哺乳類と鳥類の執筆をお願いした．

　西田清徳博士は大阪・海遊館の館長であり，後者の「魚屋」であるため，魚類と無脊椎動物の執筆をお願いした．西田氏との出会いは，アメリカのボルチモア水族館で1985年に開催された「飼育サメ・エイ類に関する国際シンポジウム」に筆者の代理として研究発表をお願いしたことであった．西田氏は当時，北海道大学大学院で板鰓類を研究する大学院生であった．西田氏には立派に任を果たしてもらい，沖縄の水族館や筆者が世界の水族館界，板鰓類研究界に飛び出す最初のきっかけをつくってもらったのであった．さらに，筆者は大阪・海遊館の開館前の準備委員会の委員だったので，西田氏の同館就職時の面接をした縁もあった．

いずれにせよ，お2人ともに館長職の業務多忙のところ執筆を快諾していただき，厚く御礼を申し上げる．これら3名による共著が決まったのは，光明氏の打診から2年後の2010年9月のことであった．
　翌2011年3月に初めての打ち合せを行い，目次構成も決定した．総括的な第1章と爬虫類の第4章を内田が担当することでスタートしたが，案の定，内田の原稿が遅れ，最初に示すべき第1章が後回しになるなど，共著者の足を引っ張り，光明氏にはずいぶんとご迷惑をかけた．方向づけと適時，催促をしていただいた同氏に心から御礼申し上げる．
　さて，すでに水族館と動物園の違いについてはいろいろと申し上げたが，最近，これを克明にあぶり出す事態が国際的に起きた．世界動物園水族館協会（WAZA）なる組織があり，日本動物園水族館協会（JAZA）もその団体会員である．以前にもこのWAZAが，「日本のイルカ漁はけしからん．この悪しき漁で捕獲されたイルカを日本の水族館が飼育するのはやめるべき」との決議をしたことがあった．このWAZAの会議には，日本の水族館長，動物園長も個人会員として数名出席していたが，誰一人として反論もしなかったという事態が起きた．
　その後，たびたび話し合いが行われたが，WAZAもまた悪しき太地イルカ漁の共犯者ではないかとの「感情的イルカ愛好家」グループからの攻撃があり，再びこの件が問題となった．
　日本のイルカ漁の問題は食用動物の捕獲・屠殺に関する倫理観の問題であり，反対者の考えは「牛，羊，豚などの家畜は人が殺して食うために神が創出したから殺してもよいが，イルカは違うのでだめだ」という論であるから議論にはならない．
　水族館屋としては，WAZAに対してすでに表明しているはずではあるが，あらためて「JAZAはイルカ漁を是認し，これによるイルカを今後も日本の水族館は入手することをWAZAに明言したい」と筆者は考える．ただし，水族館の場合，展示用の動物は自家採集や国内調達の比率が高く，WAZA会員である必要性はそれほど高くないが，動物園では野生からの動物の入手はもはやむずかしく，WAZA会員でないと困るという大きな違いがあることも事実である．したがって，この明言に対するWAZAの反応如何によって，JAZAは今までにない画期的なよき方策を創出する必要があると考える．

この5月に共著者の荒井一利館長は，日本最初の水族館出身のJAZA会長に就任した．内田暴走老人の上記の発言は気にせず，ご自分の考えでのご活躍を祈念する次第である．本書の出版が荒井会長の就任祝いになれば幸甚である．

　なお，酪農学園大学の竹花一成教授には研究および視覚障害者用の組織置換標本（プラスティネーション標本）の作成にあたり，特段のご指導とご協力をいただいた．厚く御礼申し上げる．第4章を記すのにあたっては亀崎直樹博士，多くのカメ飼育水族館の関係者の方々，および日本動物園水族館協会に貴重な情報，資料をいただいた．亀崎博士には有益な助言もいただいた．記して深謝の意を表したい．また，沖縄美ら海水族館の飼育係，獣医師の諸君に多くの資料を作成していただき，事務係の女性諸君には原稿作成をしてもらった．厚く御礼申し上げる．第2章の骨格の一部となった動物飼育に関し，厳しい指導を仰いだ鳥羽山博士に衷心より感謝する．多くの写真や多くの情報を提供していただいた関係者の方々，鴨川シーワールドの飼育部門のみなさんに御礼を申し上げる．さらに，第5,6章の執筆にあたり貴重な写真を提供していただいた水族館の方々，株式会社海遊館の藤本司代表取締役社長をはじめ飼育展示部のみなさんにも心から謝意を表したい．

内田詮三

付表　公益社団法人日本動物園水族館協会加盟園館（2013年6月現在）．

No.	館名	略称	〒	住所	電話
1	小樽水族館	小樽水	047-0047	北海道小樽市祝津3-303	0134-33-1400
2	稚内市立ノシャップ寒流水族館	ノシプ	097-0026	北海道稚内市ノシャップ2-2-17	0162-23-6278
3	サンピアザ水族館	サンピ	004-0052	北海道札幌市厚別区厚別中央二条5-7-5	011-890-2455
4	登別マリンパークニクス	ニクス	059-0492	北海道登別市登別東町1-22	0143-83-3800
5	千歳サケのふるさと館	サケ館	066-0028	北海道千歳市花園2-312	0123-42-3001
6	青森県営浅虫水族館	浅虫	039-3501	青森県青森市大字浅虫字馬場山1-25	017-752-3377
7	男鹿水族館GAO	男鹿水	010-0673	秋田県男鹿市戸賀塩浜字壺ヶ沢93番地先	0185-32-2221
8	マリンピア松島水族館	松島	981-0213	宮城県宮城郡松島町浪打浜16	022-354-2020
9	鶴岡市立加茂水族館	加茂	997-1206	山形県鶴岡市大字今泉字大久保656番地	0235-33-3036
10	ふくしま海洋科学館	福島水	971-8101	福島県いわき市小名浜字辰巳町50番地	0246-73-2525
11	新潟市水族館マリンピア日本海	新潟	951-8101	新潟県新潟市中央区西船見町5932-445	025-222-7500
12	上越市立水族博物館	上越	942-0004	新潟県上越市西本町4-19-27	025-543-2449
13	長岡市寺泊水族博物館	寺泊	940-2502	新潟県長岡市寺泊花立9353-158	0258-75-4936
14	栃木県なかがわ水遊園	水遊園	324-0404	栃木県大田原市佐良土2686	0287-98-3055
15	アクアワールド茨城県大洗水族館	大洗	311-1301	茨城県東茨城郡大洗町磯浜町8252-3	029-267-5151
16	鴨川シーワールド	鴨川	296-0041	千葉県鴨川市東町1464-18	04-7093-4803
17	さいたま水族館	埼玉水	348-0011	埼玉県羽生市三田ヶ谷字宝蔵寺751-1	048-565-1010
18	サンシャイン水族館	サンシ	170-8630	東京都豊島区東池袋3-1-3	03-3989-3472
19	東京都葛西臨海水族園	葛西水	134-8587	東京都江戸川区臨海町6-2-3	03-3869-5152
20	しながわ水族館	品川水	140-0012	東京都品川区勝島3-2-1	03-3762-3433
21	エプソン品川アクアスタジアム	品プリ	108-8611	東京都港区高輪4-10-30	03-5421-1112
22	よみうりランドアシカ館	読売	214-0006	神奈川県川崎市多摩区菅仙谷4-1-1	044-966-1115
23	㈱京急油壺マリンパーク	油壺	238-0225	神奈川県三浦市三崎町小網代1082-2	046-881-6281
24	新江ノ島水族館	新江水	251-0035	神奈川県藤沢市片瀬海岸2-19-1	0466-29-9964
25	横浜・八景島シーパラダイス	八景島	236-0006	神奈川県横浜市金沢区八景島	045-788-9608

26	山梨県立富士湧水の里水族館	富士水	401-0511	山梨県南都留郡忍野村忍草3098-1	0555-20-5135
27	伊豆三津シーパラダイス	三津	410-0224	静岡県沼津市内浦長浜3-1	055-943-2331
28	あわしまマリンパーク	淡島	410-0221	静岡県沼津市内浦重寺186	055-941-3126
29	下田海中水族館	下田	415-8502	静岡県下田市3-22-31	0558-22-3567
30	東海大学海洋科学博物館	東海大	424-8620	静岡県静岡市清水区三保2389	0543-34-2385
31	魚津水族館	魚津	937-0857	富山県魚津市三ケ1390	0765-24-4100
32	のとじま臨海公園水族館	能登島	926-0216	石川県七尾市能登島曲町15-40	0767-84-1271
33	越前松島水族館	越前	913-0065	福井県坂井市三国町崎74-2-3	0776-81-2700
34	世界淡水魚園水族館	岐阜水	501-6021	岐阜県各務原市川島笠田町1453 河川環境楽園内	0586-89-8200
35	蒲郡市竹島水族館	竹島	443-0031	愛知県蒲郡市竹島町1-6	0533-68-2059
36	南知多ビーチランド	南知多	470-3233	愛知県知多郡美浜町字奥田428-1	0569-87-2000
37	碧南海浜水族館	碧南	447-0853	愛知県碧南市浜町2-3	0566-48-3761
38	名古屋港水族館	名港水	455-0033	愛知県名古屋市港区港町1-3	052-654-7080
39	滋賀県立琵琶湖博物館	琵琶湖	525-0001	滋賀県草津市下物町1091	077-568-4811
40	宮津エネルギー研究所水族館	宮津	626-0052	京都府宮津市小田宿野1001	0772-25-0003
41	京都水族館	京都水	600-8835	京都府京都市下京区観喜寺町35番地の1	075-354-3130
42	鳥羽水族館	鳥羽	517-8517	三重県鳥羽市鳥羽3-3-6	0599-25-2555
43	志摩マリンランド	志摩	517-0502	三重県志摩市阿児町神明賢島723-1	0599-43-1225
44	二見シーパラダイス	二見	519-0602	三重県伊勢市二見町江580	0596-42-1760
45	太地町立くじらの博物館	くじら	649-5171	和歌山県東牟婁郡太地町大字太地字常渡2934-2	0735-59-2400
46	串本海中公園センター	串本	649-3514	和歌山県東牟婁郡串本町有田1157	0735-62-4875
47	大阪・海遊館	海遊館	552-0022	大阪府大阪市港区海岸通1-1-10	06-6576-5545
48	神戸市立須磨海浜水族園	須磨	654-0049	兵庫県神戸市須磨区若宮町1-3-5	078-731-7301
49	城崎マリンワールド	城崎	669-6192	兵庫県豊岡市瀬戸1090	0796-28-2300
50	姫路市立水族館	姫路水	670-0971	兵庫県姫路市西延末440	079-297-0321
51	島根県立しまね海洋館	しまね	697-0004	島根県浜田市久代町1117-2	0855-28-3900
52	島根県立宍道湖自然館	宍道湖	691-0076	島根県出雲市園町字沖の島1659-5	0853-63-7100
53	市立玉野海洋博物館	玉野	706-0028	岡山県玉野市渋井2-6-1	0863-81-8111
54	公益社団法人桂浜水族館	桂浜	781-0262	高知県高知市浦戸778	088-841-2437

55	高知県立足摺海洋館	足摺	787-0452	高知県土佐清水市三崎字今芝4032	0880-85-0635
56	虹の森公園おさかな館	お魚館	798-2102	愛媛県北宇和郡松野町延野々1510-1	0895-20-5006
57	宮島水族館	宮島	739-0534	広島県廿日市市宮島町10-3	0829-44-2010
58	下関市立しものせき水族館	下関	750-0036	山口県下関市あるかぽーと6-1	083-228-1100
59	海の中道海洋生態科学館	海中水	811-0321	福岡県福岡市東区西戸崎18-28	092-603-0400
60	長崎ペンギン水族館	長ペン	851-0121	長崎県長崎市宿町3-16	095-838-3131
61	大分マリーンパレス水族館「うみたまご」	大分	870-0802	大分県大分市大字神崎字ウト3078-22	097-534-1010
62	かごしま水族館	鹿児島	892-0814	鹿児島県鹿児島市本港新町3-1	099-226-2233
63	沖縄美ら海水族館	沖縄水	905-0206	沖縄県国頭郡本部町字石川424	0980-48-2742

索　引

ア　行

アイノコガメ　92
アカウミガメ太平洋横断説　88
アクアリウム　1
アクアワールド茨城県大洗水族館　81,121
アクリル大水槽　9
アクリルパネル　46
浅草公園水族館　39,93
旭山動物園　5,77
浅虫水族館　8
亜硝酸　142
亜硝酸態窒素　127
アスペルギルス症　66,75,76
熱川バナナ・ワニ園　42
厚岸水族館　8
圧力式濾過　127
アドベンチャーワールド　65,72,81,83
油壺水族館　8
アメリカ・シーワールド　65,69
アメリカ博物館　35
アルカリ度　142
ROV（遠隔操作無人探査機）　15,31
アントワープ動物園　41
アンモニア　142
アンモニア態窒素　127
活き餌　136
生きた化石　170
伊豆三津シーパラダイス　38,41
磯採集　128
一本釣り　11
遺伝的近縁関係　74
伊東水族館　18
移動水族館　23,29,32

いのちの博物館の実現に向けて　200
以布利　131,134,136
イルカスタジオ　14
イルカの鳴音・聴覚能力　25
イルカ類の認知・学習機構　25
インスタレーションアート　195
インスタレーション展示　195
上野動物園　65-67,73,93
上野動物園水族館爬虫類館　94
上野方式　67
観魚室（うおのぞき）　7,18
ウッドランドパーク動物園　41
ウミガメ教室　116
ウミガメ水族館　115
ウミガメ専用水槽　95-97
ウミガメ体験学習　117
ウミガメニュースレター　116
ウミガメの自然史　113,114
ウミガメ放流会　23
ウミガメ屋　115
海のインテリゲンチア　16
海の土方　16
海の中道海洋生態科学館　10
ウミンチュ　92
エアレーション　131
越前松島水族館　97
餌付け　59,137
エデュケーション　61
エデュテインメント　61
江ノ島水族館　9,38
江ノ島マリンランド　9,13,18,38
エプソン品川アクアスタジアム　12
エリマキトカゲ騒ぎ　21
遠隔授業スタイル　188

演示展示 22
エンターテインメント 61
塩分濃度 142
追い込み漁 11,15,16
美味しい 177,178
大分マリーンパレス水族館（大分マリンパレス） 9,29,42,136
大型水生動物 5
大型トレーラー 131,135
男鹿水族館 GAO 83
オキシトシン 114
沖縄記念公園水族館 3,42,88,90,97,109
沖縄国際海洋博覧会 9,30
沖縄美ら海水族館 5,10,13,19,21,26,29,31,97,112,114,115,121,143,145,153,155,199
オーシャンパーク 57,70,192
オセアナリウム 1,9
小樽水族館 81
驚き 191
尾鰭捕捉法 16
オペラント条件付け 61
オホーツク水族館 174
親子鑑定技術 74
親潮 119
オーレオスライシン 66
音声ガイドシステム 186
温度依存性決定 107

カ　行

界（キングダム） 157,158
外温動物 85
外骨格 167,176
海水 11,12,124,127,128,135
海水魚 119
海生哺乳類保護法 53
解説員 187
解説板 186
外套膜 171,174
解剖 112
海遊館 10,83,120,124,129,130,131,137,139,140,143,155,164,174,182,188,192,197
海洋科学教室 22
海洋生物園 9,30
海洋生物研究所 131
学習 151
かごしま水族館 10,166
籠漁 11,15
可動式浮上床 45
咬み合い 98,105
鴨川シーワールド 9,14,18,19,25,29,31,57,114,199
環境一体型展示（ランドスケープイマージョン） 192
環境エンリッチメント 44,45,81
環境教育 2,23,117,127
環境再現型展示 21,44
環境付け 59
環境と生物の多様性展示施設 198,199
観賞魚 121,124,136,139
感情的鯨類愛好家 21
感性 186
乾燥耐久卵 180
管足 182
危険動物 16
技術研究表彰 83
きしわだ自然資料館 187
寄生虫症 18
基本計画 126
基本構想 126
基本設計 126
客寄せパンダ 5,8
嗅覚 152
給餌 48,135,137,140
教育 22,60,61,127,147,150
強化子 60
鋏脚 179
強制給餌 59
共同研究 25
京都市紀念動物園 41
京都水族館 10,12
京都大学フィールド科学教育センター・海域ステーション瀬戸臨海実験所水族館

索引　219

145
共有派生形質　157
漁業　119,123,138,148,162
漁業者　129
漁業による収集　129
漁業法　52,128
漁船　125,128,129
魚病　18
魚名板　126
キール　89
近代水族館　3
近代動物園の始まり　6
串本海中公園センター　10,95,97,114,160
クリスタルパレス水族館　8
グレートバリアリーフ水槽　139
黒潮　119
黒潮の海　10,13
経営　27-29
珪藻類　139
形態展示　21
系統類縁関係　118
鯨類ウォッチング　23
鯨類のホルモン動態　25
血液検査　19
血液性状　25,103,112,143
血中プロゲステロン濃度　55
血統管理　55,58,65,73,74
血統登録　73,74
検疫　59,72
研究　24,61,109,126,127,147,153,189
健康管理　17-19,49,67,95,102,125,141-145
健康状態　143
建築工事　126
交換　130
好奇心　191
交雑種　90,92
甲長　89,109,116
行動エンリッチメント　44
行動展示　77,192
購入　130
交尾　106,107

交尾排卵動物　114
神戸市立須磨水族館　9,10
広報戦略会議　200
甲羅　176,178,179
公立水族館　8
古賀賞　171
呼吸間隔（潜水時間）　103
国際自然保護連合（IUCN）　89,149
個体管理　141
個体群管理プログラム　82
個体別給餌　48
このわた　184
コペンハーゲン動物園　35
五放射相称　181,184
コミュニケーション能力　197
混獲　101,102,182

サ　行

採血　105,143
採集　130
埼玉県こども動物自然公園　80
再捕　110,112
堺水族館　7,22,41,93
叉棘　183
雑魚　137
刺し網　15
里山　198
サンシャイン水族館　12
三大疾病　75
サンプラー　25
産卵　88,89,92,96,97,106,107,117,120,145
産卵観察会　116
産卵場　88,89,95,107,109,112,114,115
産卵用砂場　96
シーアップル　185
飼育　42,58,125
飼育係（飼育技術者）　4,11,14-16,19,22,25,48,109,129,131,135,137,145,173,178,191,192,195,197
飼育下繁殖コロニー　79
飼育気温　74

飼育施設　11,43
飼育展示課　126
飼育展示困難種　90
飼育展示施設　95
飼育展示部　126
シェンブルン動物園　6
視覚　152
自家採集　11,15,128
刺細胞　164
施設　126,127
自然海受精　100
自然保護　127
死体標本処理　26
実施設計　126
指定管理者制度　10,27
しながわ水族館　12
シーパラダイス　1
刺胞　161,164
志摩マリンランド　160,174
下田海中水族館　121,155
下関市立しものせき水族館　10,78,81,90
社会貢献　29,31
自由採食方式　48
収集　15,52,128-130
集団飼育　81
重力式濾過　127
取水設備　127
出産対応　56
出産兆候　57
種の保存法　53
種分化　118
種保存委員会　73,74
種保存事業　33
巡回動物園　6
循環装置　125
純国産種　86
準絶滅危惧種　89
馴致　59,131
ショー　21,61
上越市立水族博物館　81
生涯学習（教育活動）　150
情報不足種　89

食育　152
触察授業　23
触手　164-167,169,170,176,184
食性　47,99
植物性餌料　136,138,139
ジョージア水族館　195,196
触覚　152
白浜水族館　8
自力摂餌　59
趾瘤症　77
餌料　46,47,99-101,105,135-137
シーワールド　1
シーワールド・オブ・サンディエゴ　69
シーワールド方式　70-72,84
新江ノ島水族館　38,121,139,164
深海性の種　120
進化を持続する（サスティナブル・イボリューション）水族館　201
人工育雛　70,79,84
人工尾鰭　19,26
人工海水　12,128,142
人工授精　25,57,58,108,113,114
人工繁殖　108
人工孵化　70,72,79,84
人工哺乳　57
新・飼育ハンドブック　131
新生児育成　57
水温　124,127,131,134,142,164,165,174
水産資源保護法　52,128
水質　125,127,142
水槽管理　141
水族科学教室　9
水族館　1
水族館学　124
水族館教室　22
水族館建設ブーム　8
水族館史　5
水族館獣医　17,19,20
水族館スクール　152
水族館の顔　181
水族館の始まり　5
水族館不適応　19

水族館ブーム　93
水族飼育研究室　9
水中観覧設備　44,45
スタインハルト水族館　41
スターポリープ　166
ストランディング個体　109
砂場付きウミガメ館　97
砂濾過槽　125,127
須磨海浜水族館　115,116
すみだ水族館　12
素潜り　101
精液採取　114
生殖器内視鏡観察　113
生鮮餌料　136,137,140
生息域外重要繁殖地　79
生息域外特別保全施設　80
生態系　148,193
生態展示　21,192
生物学的濾過　13,127
生物群系（バイオーム）　198
生物多様性　185,186,198
世界水族館会議　150
世界淡水魚園水族館　150
脊椎　157
摂餌　57,60,125,136,140
摂餌生態　140
絶滅危惧種　89,148,201
セレン　114
潜水給餌　141
潜水採集　128
センス・オブ・ワンダー　151,152,191
専用担架　133
専用容器　135
槽内受精　100
総排泄孔　107
足盤　166

タ　行

胎位　24
第1次強化子　60
体感・体験　152
太地町立くじらの博物館　18

体重維持給餌量　100
第2黒潮丸　31
第2次強化子　60
大量死　99,100
蛸壺　167
脱出日数　108
タッチパネル　186
タッチングプール　171,181,187
タートルスープ　89
多様性　197
淡水域　123
淡水魚　119,123
稚ガメ　98,99,105,117
着床遅延　55
超音波エコー画像　26
超音波画像診断（法）　55,56,113
聴覚　152
調餌　135
鳥獣法　52
チリメンモンスター　187,188
治療用・検疫用施設　43
釣り採集　128
定置網　4,11,15,89,101,129,130,136,162
適正給餌量　100
手づかみ捕獲　16
出前授業　23,188
手元給餌　48
照島ランド　18,19
展示　20,42-44,126
展示研究課　126
展示効果　86
展示コンセプト　20
展示施設　43,44,197
展示準備　126
頭位　24
東海大学海洋科学博物館　9,155
東京都井の頭自然文化園　174
東京都葛西臨海水族園　10,67,81,83,121,185
「動」高「水」低　86
投餌　48,59
動物園水族館雑誌　153

動物園付属水族館　94
動物商　4
動物性餌料　136,139
動物福祉　44,147
動物名板　22
頭部把握器　120
透明度　13,46
毒性　161
特定外来生物　148
鳥羽水族館　10,42,170
鳥羽山照夫　9,42
ドメイン　157,158
富山市ファミリーパーク　199
豊橋市動物園　93
ドライスーツ　175
鳥マラリア　75,76
トレーニング（手法）　49,50,60,61
トロカデロ水族館　8
トンネル水槽　77

ナ　行

内航船　133
内骨格　167
長岡市寺泊水族博物館　172
長崎水族館　65,67,68
長崎ペンギン水族館　68,81
長崎方式　68,78
中之島水族館　18,38,93
名古屋港水族館　10,65,72,81,83,90,97,114
名古屋市東山動物園　73,93,199
南極のあざらしの保存に関する条約　53
新潟市水族館マリンピア日本海　81
西脇昌治　18,115
日本ウミガメ協議会　115,116
日本魚類学会　119
日本固有種　169,180,181
日本産希少淡水魚繁殖検討委員会　149
日本産魚類　119
日本動物園水族館協会（JAZA）　1,8,33,63,199
日本の森　192

日本板鰓類研究会　155
入場料　28
ニューヨーク水族館　41
妊娠診断　55

ハ　行

バイオドーム　193-195,198
バイオロギング　83
配合飼料　139,140
排卵　114
延縄釣り　11
博物館　172
博物館法　147
バケツ移動　131
ハズバンダリートレーニング　143
バックエリア　43
バックヤードツアー　172
発光器　169
発光生物　165
浜松市動物園　67
破卵　83
繁殖　54,72,95-97,100,102,105,106,108,124,126,145,147,149,189
繁殖環境　54
繁殖計画　54,57
繁殖賞　108
繁殖生態　106
繁殖表彰　121,145,146,158,160,166,169,170,173,174,181,182,185,189
繁殖マニュアル　149
繁殖（用）施設　43,55
阪神パーク水族館　18,38,93,94
ハンドリング　131
ハンブルグ動物園　41
尾位　24
ビオトープ　171
人付け　59
姫路水族館　89,94,95,97
標識放流　88,109,110,116,117
漂流瓶　112
微量元素　142
ビル型水族館　191,198

索　引　*223*

貧乏水族館　15, 22
ファウンダー（創始個体）　73, 74
フィッシュ・ハウス　6
フィラデルフィア動物園　41
フィールド調査　114
孵化　92, 97, 98, 107, 120, 180
孵化日数　108
普及啓発（教育活動）　186, 188, 189
福岡市動物園　93
ふくしま海洋科学館（アクアマリンふくしま）　196
附属書　53
付帯事業　28, 29
不調の早期発見　143
プッシャーバージ　131
物理的濾過　13, 127
ブライトン水族館　35, 41
プラスティネーション標本　23, 30
ブラックライト　165
プランクトン　136
ブリッジ　60
ふれあいコーナー　183, 184, 187
ふれあい体験　61
ふれあいペンギンビーチ　68
不老不死のクラゲ　165
プロテインスキマー　13, 128
文化財保護法　53
分岐分類学　118, 157
分子系統学　118
フンボルトペンギン生態園・ペンギンヒルズ　80
分類体系　118
分類展示　21
閉鎖濾過循環方式　17, 96, 142
碧南市海浜水族館　155
碧南市青少年海の科学館　155
べっ甲　89, 92
ペニス　107
pH　142
ベルーガ水槽　14
ペレット　139, 140
ペンギン・インカウンター　69

ペンギン会議　65, 72
ペンギン学校　79
ぺんぎん館　77
ペンギン飼育関係者懇談会　72
ペンギン飼育大国　64
ペンギン大百科　65
ペンギンの散歩　78
ペンギンパレード　68, 78
ペンギン村　78
ホイッスル　60
放流　148, 149
放流会　116, 117
北米動物園水族館協会（AZA）　71
保護活動　148
保全計画　147
保存（飼育）　149
ホタルイカ群遊海面　169
保定　18, 95
ポーラーアドベンチャー　70, 192
ポリプ　165, 166

マ　行

巻き網採集　15
巻枝　181
マリン・スタジオ　38
マリンランド・オブ・フロリダ　38
マリンワールド　1
味覚　152
みさき公園自然動物園水族館　38, 94
見世物　92, 93
南知多ビーチランド　81, 92, 97, 114, 115
ミミックオクトパス（擬態するタコ）　168
宮島水族館　174
民営館　8
メトロポリタン動物園　79
持ち込み腹　97
モントレーベイ水族館　24

ヤ　行

八重山海中公園センター研究所　115
屋島山上水族館　9
野生動物飼育　2, 4, 6

野生動物保護募金助成金制度　80,83
野生復帰　79
山下町博物館　39
遊泳血液採取法　19
優先種等助成金制度　74
有毒生物　168
輸送　4,11,14,15,53,59,101,102,121,125,
　　130,131,133-135,143,162,189
溶存酸素（量）　124,131,142
よき解説　191
翼足　174,176
横浜・八景島シーパラダイス　10
ヨード　143
予備施設　43
予防医療　49
よみうりランド海水水族館　42

ラ 行

ランドスケープイマージョン　81,192
卵胞刺激ホルモン　114
理科・社会教育　2
離脱式タモ網捕法　16

流氷ウィーク　174
漁師　128,177,197
緑色蛍光タンパク質　165
臨海実習　22,29
累代繁殖　162
冷凍庫　174,175
冷凍餌料　137
冷凍・冷蔵保管室　137
レクリエーション　127,147
レタス給餌　139
レッドデータリスト　148
レッドリスト　149
濾過循環設備　13
濾過循環方式　7
濾過装置　125
ロープ捕獲法　16
ロンドン動物園　7,124

ワ 行

ワシントン条約（CITES）　4,53,89,128,
　　149
和田岬水族館　7,22,40,93

著者略歴

内田詮三（うちだ・せんぞう）
1935 年　静岡県に生まれる．
1961 年　東京外国語大学インドネシア語科卒業．
　　　　静岡県伊東水族館，福島県照島ランド園長，国営沖縄記念公園水族館館長，沖縄美ら海水族館館長を経て，
現　在　沖縄美ら海水族館名誉館長，博士（農学）．
主　著　『水族館動物図鑑』（1988 年，海洋博覧会記念公園管理財団），『海獣水族館』（共編，2010 年，東海大学出版会），『沖縄美ら海水族館が日本一になった理由』（2012 年，光文社）ほか．

荒井一利（あらい・かずとし）
1955 年　東京都に生まれる．
1979 年　北海道大学水産学部増殖学科卒業．
　　　　日本動物園水族館協会副会長・会長，鴨川シーワールド総支配人・館長を経て，
現　在　鴨川シーワールド国際海洋生物研究所所長，博士（海洋科学）．
主　著　『海獣図鑑』（2010 年，文溪堂），『海獣水族館』（分担執筆，2010 年，東海大学出版会）ほか．

西田清徳（にしだ・きよのり）
1958 年　大阪府に生まれる．
1989 年　北海道大学大学院水産学研究科博士課程修了．
　　　　大阪ウォーターフロント開発株式会社（現・株式会社海遊館）展示開発課長，飼育展示部長などを経て，
現　在　大阪・海遊館元（前）館長，水産学博士．
主　著　『日本の海水魚』（分担執筆，1997 年，山と渓谷社），『以布利　黒潮の魚』（共編，2001 年，大阪・海遊館），『研究する水族館』（分担執筆，2009 年，東海大学出版会）ほか．

日本の水族館

2014 年 8 月 8 日　初　版
2024 年 4 月 5 日　第 4 刷

[検印廃止]

著　者　内田詮三・荒井一利・西田清徳
発行所　一般財団法人　東京大学出版会
代表者　吉見俊哉

153-0041　東京都目黒区駒場 4-5-29
電話 03-6407-1069・振替 00160-6-59964

印刷所　三美印刷株式会社
製本所　誠製本株式会社

Ⓒ 2014 Senzo Uchida *et al.*
ISBN 978-4-13-060195-5　Printed in Japan

JCOPY〈出版者著作権管理機構　委託出版物〉
本書の無断複写は著作権法上での例外を除き禁じられています．複写される場合は，そのつど事前に，出版者著作権管理機構（電話 03-5244-5088, FAX 03-5244-5089, e-mail：info@jcopy.or.jp）の許諾を得てください．

Natural History Series（全50巻完結）

日本の自然史博物館　糸魚川淳二著 ── A5判・240頁/4000円（品切）
●理論と実際とを対比させながら自然史博物館の将来像をさぐる．

恐竜学　小畠郁生編 ── A5判・368頁/4500円（品切）
犬塚則久・山崎信寿・杉本剛・瀬戸口烈司・木村達明・平野弘道著
●7人の日本の研究者がそれぞれ独特の研究視点からダイナミックに恐竜像を描く．

樹木社会学　渡邊定元著 ── A5判・464頁/5600円（品切）
●永年にわたり森林をみつめてきた著者が描き上げた森林と樹木の壮大な自然史．

動物分類学の論理　馬渡峻輔著 ── A5判・248頁/3800円
多様性を認識する方法
●誰もが知りたがっていた「分類することの論理」について気鋭の分類学者が明快に語る．

花の性　その進化を探る　矢原徹一著 ── A5判・328頁/4800円
●魅力あふれる野生植物の世界を鮮やかに読み解く．発見と興奮に満ちた科学の物語．

民族動物学　周達生著 ── A5判・240頁/3600円
アジアのフィールドから
●ヒトと動物たちをめぐるナチュラルヒストリー．

海洋民族学　秋道智彌著 ── A5判・272頁/3800円（品切）
海のナチュラリストたち
●太平洋の島じまに海人と生きものたちの織りなす世界をさぐる．

両生類の進化　松井正文著 ── A5判・312頁/4800円（品切）
●はじめて陸に上がった動物たちの自然史をダイナミックに描く．

シダ植物の自然史　岩槻邦男著 ── A5判・272頁/3400円（品切）
●「生きているとはどういうことか」を解く鍵を求め続けてきたあるナチュラリストの軌跡．

太古の海の記憶　池谷仙之・阿部勝巳著 ── A5判・248頁/3700円（品切）
オストラコーダの自然史
●新しい自然史科学へ向けて地球科学と生物科学の統合が始まる．

哺乳類の生態学　土肥昭夫・岩本俊孝・三浦慎悟・池田啓著 ── A5判・272頁/3800円（品切）
●気鋭の生態学者たちが描く〈魅惑的〉な野生動物の世界．

高山植物の生態学　増沢武弘著　──　A5判・232頁/3800円（品切）
●極限に生きる植物たちのたくみな生きざまをみる.

サメの自然史　谷内透著　──　A5判・280頁/4200円（品切）
●「海の狩人たち」を追い続けた海洋生物学者がとらえたかれらの多様な世界.

生物系統学　三中信宏著　──　A5判・480頁/5800円
●より精度の高い系統樹を求めて展開される現代の系統学.

テントウムシの自然史　佐々治寛之著　──　A5判・264頁/4000円（品切）
●身近な生きものたちに自然史科学の広がりと深まりをみる.

鰭脚類［ききゃくるい］　和田一雄／伊藤徹魯 著　──　A5判・296頁/4800円（品切）
アシカ・アザラシの自然史
●水生生活に適応した哺乳類の進化・生態・ヒトとのかかわりをみる.

植物の進化形態学　加藤雅啓著　──　A5判・256頁/4000円
●植物のかたちはどのように進化したのか．形態の多様性から種の多様性にせまる.

新しい自然史博物館　糸魚川淳二著　──　A5判・240頁/3800円（品切）
●これからの自然史博物館に求められる新しいパラダイムとはなにか.

地形植生誌　菊池多賀夫著　──　A5判・240頁/4400円
●精力的なフィールドワークと丹念な植生図の読解をもとに描く地形と植生の自然史.

日本コウモリ研究誌　前田喜四雄著　──　A5判・216頁/3700円（品切）
翼手類の自然史
●北海道から南西諸島まで，精力的にコウモリを訪ね歩いた研究者の記録.

爬虫類の進化　疋田努著　──　A5判・248頁/4400円
●トカゲ，ヘビ，カメ，ワニ……多様な爬虫類の自然史を気鋭のトカゲ学者が描写する.

生物体系学　直海俊一郎著　──　A5判・360頁/5200円
●生物体系学の構造・論理・歴史を分類学はじめ5つの視座から丹念に読み解く.

生物学名概論　平嶋義宏著　──　A5判・272頁/4600円（品切）
●身近な生物の学名をとおして基礎を学び，命名規約により理解を深める.

哺乳類の進化　遠藤秀紀著　──　A5判・400頁／5400円
●地球史を飾る動物たちの〈歴史性〉にナチュラルヒストリーが挑む．

動物進化形態学　倉谷滋著　──　A5判・632頁／7400円（品切）
●進化発生学の視点から脊椎動物のかたちの進化にせまる．

日本の植物園　岩槻邦男著　──　A5判・264頁／3800円（品切）
●植物園の歴史や現代的な意義を論じ，長期的な将来構想を提示する．

民族昆虫学　野中健一著　──　A5判・224頁／4200円（品切）
昆虫食の自然誌
●人間はなぜ昆虫を食べるのか──人類学や生物学などの枠組を越えた人間と自然の関係学．

シカの生態誌　高槻成紀著　──　A5判・496頁／7800円（品切）
●動物生態学と植物生態学の2つの座標軸から，シカの生態を鮮やかに描く．

ネズミの分類学　金子之史著　──　A5判・320頁／5000円
生物地理学の視点
●分類学的研究の集大成として，さらに自然史研究のモデルとして注目のモノグラフ．

化石の記憶　矢島道子著　──　A5判・240頁／3200円
古生物学の歴史をさかのぼる
●時代をさかのぼりながら，化石をめぐる物語を読み解こう．

ニホンカワウソ　安藤元一著　──　A5判・248頁／4400円
絶滅に学ぶ保全生物学
●身近な水辺の動物であったニホンカワウソ──かれらはなぜ絶滅しなくてはならなかったのか．

フィールド古生物学　大路樹生著　──　A5判・164頁／2800円
進化の足跡を化石から読み解く
●フィールドワークや研究史上のエピソードをまじえながら，古生物学の魅力を語る．

日本の動物園　石田戢著　──　A5判・272頁／3600円
●動物園学のすすめ──多様な視点からこれからの動物園を論じた決定版テキスト．

貝類学　佐々木猛智著　──　A5判・400頁／5400円
●化石種から現生種まで，軟体動物の多様な世界を体系化．著者撮影の精緻な写真を多数掲載．

リスの生態学　田村典子著　　A5判・224頁/3800円
●行動生態，進化生態，保全生態など生態学の主要なテーマにリスからアプローチ．

イルカの認知科学　村山司著　　A5判・224頁/3400円
異種間コミュニケーションへの挑戦
●イルカと話したい──「海の霊長類」の知能に認知科学の手法でせまる．

海の保全生態学　松田裕之著　　A5判・224頁/3600円
●マグロやクジラはどれだけ獲ってよいのか？　サンマやイワシはいつまで獲れるのか？

日本の水族館　内田詮三・荒井一利・西田清徳著　　A5判・240頁/3600円
●日本の水族館を牽引する名物館長たちが熱く語るユニークな水族館論．

トンボの生態学　渡辺守著　　A5判・260頁/4200円
●身近な昆虫──トンボをとおして生態学の基礎から応用まで統合的に解説．

フィールドサイエンティスト　佐藤哲著　　A5判・252頁/3600円
地域環境学という発想
●世界のフィールドを駆け巡り「ひとり学際研究」をつくりあげ，学問と社会の境界を乗り越える．

ニホンカモシカ　落合啓二著　　A5判・290頁/5300円
行動と生態
●40年におよぶ野外研究の集大成．徹底的な行動観察と個体識別による野生動物研究の優れたモデル．

新版　動物進化形態学　倉谷滋著　　A5判・768頁/12000円
●ゲーテの形態学から最先端の進化発生学まで，時空を超えて壮大なスケールで展開される進化論．

ウサギ学　山田文雄著　　A5判・296頁/4500円
隠れることと逃げることの生物学
●ようこそ，ウサギの世界へ！　40年にわたりウサギとつきあってきた研究者による集大成．

湿原の植物誌　冨士田裕子著　　A5判・256頁/4400円
北海道のフィールドから
●日本の湿原王国──北海道のさまざまな湿原に生きる植物たちの不思議で魅力的な世界を描く．

化石の植物学　西田治文著　　A5判・308頁/4800円
時空を旅する自然史
●博物学の時代から遺伝子の時代まで──古植物学の歴史をたどりながら植物の進化と多様性にせまる．

哺乳類の生物地理学
増田隆一著 ── A5判・200頁/3800円
●遺伝子やDNAの解析からヒグマやハクビシンなど哺乳類の生態や進化にせまる．

水辺の樹木誌
崎尾均著 ── A5判・284頁/4400円
●失われゆく豊かな生態系──水辺林．そこに生きる樹木の生態学的な特徴から保全を考える．

有袋類学
遠藤秀紀著 ── A5判・288頁/4200円
●〈ちょっと奇妙な獣たち〉の世界へ──日本初の有袋類の専門書．

ニホンヤマネ
野生動物の保全と環境教育
湊秋作著 ── A5判・288頁/4600円
●永年にわたりヤマネたちと真摯に向き合ってきた「ヤマネ博士」の集大成！

ナチュラルヒストリー
岩槻邦男著 ── A5判・384頁/4500円
●大学，博物館，植物園などでの経験をふまえて，ナチュラルヒストリーとはなにかを問いなおす．

ここに表記された価格は本体価格です．ご購入の際には消費税が加算されますのでご了承下さい．

読者のみなさまへ

　小会のナチュラルヒストリーシリーズ（Natural History Series）をご購読いただき，まことにありがとうございます．

　さて，本シリーズは1993年に『日本の自然史博物館』（糸魚川淳二著）から刊行を開始し，読者のみなさまのご支持と著者の先生方のご協力により，今日まで25年にわたり刊行を続けてまいりましたが，第50巻となる『ナチュラルヒストリー』（岩槻邦男著）をもちまして完結とさせていただくことになりました．

　永年にわたり，ご愛読をいただきました読者のみなさまとご執筆をいただいた著者の先生方にこの場を借りまして厚くお礼申し上げます．

　本シリーズの完結にあたって，日本のナチュラルヒストリーのさらなる発展を心からお祈り申し上げます．

一般財団法人　東京大学出版会